HISTORIAS DEL MUNDO DE LAS HORMIGAS

DRAKONTOS

Director:
JOSÉ MANUEL SÁNCHEZ RON

HISTORIAS DEL MUNDO DE LAS HORMIGAS

Edward O. Wilson

Traducción castellana de
Pedro Pacheco González

CRÍTICA
BARCELONA

Frontispicio: Una hormiga guerrera africana, o matabele (*Megaponera analis*), especializada en asaltar los termiteros. Su nombre común hace referencia a los guerreros «de los escudos largos» de Zimbabue.
(*Dibujo original de Timo Wuerz.*)

Primera edición: febrero de 2022
Primera edición en esta nueva presentación: mayo de 2026

Historias del mundo de las hormigas
Edward O. Wilson

Título original: *Tales from the Ant World*

Av. Diagonal, 662-664, 08034 Barcelona (España)
Crítica es un sello editorial de Editorial Planeta, S. A.

editorial@ed-critica.es
www.ed-critica.es

ISBN: 978-84-9199-881-5
Depósito legal: B. 25.105-2026
Printed in Spain - Impreso en España

Introducción
El dominio de las hormigas

Excepto aquellos que viven en las zonas polares, todas las personas que alguna vez han bajado la vista y observado lo que ocurre alrededor de sus pies han visto hormigas e inevitablemente han oído historias sobre estas criaturas sociales, en especial sobre su relación con la humanidad. Las hormigas, se dice, son algunas de las pequeñas criaturas que gobiernan el mundo, puede que para nuestro beneficio, o puede que no. Las hormigas forman sociedades que rivalizan tanto en forma como en variedad con las que crean los seres humanos. Y son increíblemente abundantes. Si el *Homo sapiens* no hubiera surgido de forma accidental como una especie primate en las praderas de África y no se hubiera propagado por todo el mundo, cuando llegaran visitantes de otros sistemas solares (y recuerde lo que le digo, finalmente vendrán), seguramente dirían que la Tierra es el «planeta de las hormigas».

He escrito *Historias del mundo de las hormigas* después de toda una vida (unas ocho décadas) estudiando a estos fabulosos insectos. Empecé en los institutos a los que acudí, en Washington D. C. y Alabama, y continué, con la misma pasión, hasta llegar a ser profesor universitario y conservador de entomología en la Universidad de Harvard. En estas *Historias*, intento reflejar la importancia de todo lo que he aprendido gracias a mis estudios y a los de otras personas. Dicho sea de paso, en el ámbito científico, a mis colegas y a mí nos llaman mirmecólogos. Y, aunque llevo escritos más de treinta libros, la mayoría de ellos técnicos, hasta ahora no había relatado las increíbles historias de la mirmecología como una aventura física e intelectual o, si lo prefiere, una historia de aventuras.

Tengo la esperanza de que este relato llegue a los estudiantes (ni siquiera a los diez años se es demasiado joven para ello) que estén contemplando la posibilidad de realizar una carrera científica. Todavía hay mucho por investigar. La historia natural y la biología de las hormigas existentes solo cubren una diminuta fracción de las más de quince mil especies de hormigas descubiertas hasta la fecha, a las que se les ha dado un nombre y se han estudiado cuidadosamente. Y, más allá de las hormigas, más de un millón de especies de insectos, arañas y otros artrópodos esperan a que se les dedique la atención que merecen. Cuanto más estudien los futuros expertos esta parte de la biosfera, mejor será el mundo, incluidos nosotros mismos.

Mientras tanto, lo que más me suelen preguntar de manera informal sobre las hormigas es, «¿Qué hago con las que tengo en mi cocina?». Mi respuesta es que vigiles dónde pisas, se cuidadoso con esas pequeñas formas de vida, contempla la posibilidad de convertirte en mirmecólogo aficionado y contribuye a su estudio científico. Además, ¿por qué *no* deberían estos maravillosos pequeños insectos visitar tu cocina? No portan enfermedades y pueden ayudar a eliminar a otros insectos que *sí* las transmiten. Eres un millón de veces más grande que ellas. Podrías contener una colonia entera entre tus manos. Les inspiras miedo; ellas no deberían inspirártelo a ti.

Recomiendo que utilices a las hormigas de tu cocina alimentándolas y reflexiones sobre lo que ves, más o menos como si estuvieras haciendo una visita informal a un país muy lejano. Coloca un par de pedacitos de comida del tamaño de la uña de un pulgar sobre el suelo o el fregadero. A las hormigas caseras les encanta la miel, el agua azucarada, los frutos secos picados y el atún en lata. Una exploradora que no se halle lejos pronto localizará el cebo y, dependiendo del grado de hambre que tenga la colonia, correrá excitada hacia el nido. Lo siguiente que presenciarás será un comportamiento social tan ajeno a la experiencia humana que bien podrías pensar que te encuentras en otro planeta.

1

De hormigas y hombres: moralidad y triunfo

Empezaré este *tour* mirmecológico con una advertencia. No hay nada que puedas imaginar del mundo de las hormigas que podamos o debamos emular para ser mejores personas.

Primero, y lo más importante, todas las hormigas que participan en la vida social de las colonias son hembras. Soy un ferviente feminista en todos los aspectos que tienen que ver con los humanos, pero, en el caso de las hormigas, hay que tener en cuenta que durante los 150 millones de años de su existencia, el protagonismo de las hembras se ha desbocado. Las hembras asumen todo el control. Todas las hormigas que puedes ver que están trabajando, todas las que exploran el entorno y todas las que van a la guerra (que es total y letal) son hembras. En comparación, las hormigas macho adultas son criaturas bastante patéticas. Tienen alas y pueden volar, ojos y genitales grandes, y cerebros pequeños. No realizan ningún trabajo para su madre ni sus hermanas, y solo tienen una función en la vida: inseminar a las reinas vírgenes de otras colonias durante los vuelos nupciales.

Para expresarlo de la forma más sencilla posible, los machos son poco más que misiles de esperma voladores. Una vez que han partido, no se les permite regresar a su hormiguero, aunque, si tienen éxito, se pueden convertir en padres de nuevas colonias, compuestas, en algunas especies, por muchos millones de hijas e hijos. Tengan o no éxito reproductivo, están destinados a morir en cuestión de horas o, como máximo, en un par de días por culpa de la lluvia, el calor o entre las mandíbulas de un depredador. Simplemente, no pueden quedarse en casa. Allí no realizan ninguna labor y, por lo demás, son una carga para la colonia. Si se quedan tras los vuelos nupciales, son expulsados por sus hermanas.

Después de la dominancia absoluta de las hembras, el segundo aspecto de la vida de las hormigas que choca con nuestra moralidad es horrible: muchas clases de hormigas se comen a sus muertos... *y* a sus heridos. Si eres una obrera anciana o incapacitada, estás programada para abandonar el hormiguero y dejar de ser una carga para la sociedad. Si mueres mientras estás en el nido, te dejarán donde caigas, incluso de espaldas con las seis patas al aire, hasta que tu cuerpo emita los olores característicos de la descomposición, es decir, ácido oleico y sus oleatos. Cuando huelas a muerto, transportarán tu cuerpo hasta la pila de basura y allí será abandonado. O, si solo estás destrozada y muriéndote, serás comida por tus hermanas.

Hay una tercera característica moralmente dudosa. Las hormigas son los animales más belicosos. Sus colonias se enfrentan a otras de la misma especie de manera muy violenta. El principal objetivo de todas ellas es la exterminación, y, por regla general, las grandes colonias derrotan a las más pequeñas. Sus enfrentamientos empequeñecen Waterloo y Gettysburg. He visto campos de batalla llenos de guerreras muertas, un gran porcentaje de las cuales son hembras de edad avanzada. Cuando las obreras adultas envejecen, pasan a realizar actividades cada vez más peligrosas por el bien de la colonia. Al principio, la mayoría sirven como asistentes de la reina madre y su progenie, desde los huevos a las larvas y desde las pupas a los nuevos adultos emergentes. Luego se encargan de la reparación del hormiguero y de otras tareas internas. Finalmente, pasan a servir fuera del nido, siendo desde centinelas a recolectoras, guardas y guerreras. En pocas palabras, y dicho más claramente, mientras que los humanos envían a sus adultos jóvenes a la batalla, las hormigas envían a sus señoras mayores.

Para las hormigas, el servicio a la colonia lo es todo. Cuando las obreras individuales se acercan a su muerte natural, benefician más a la colonia si pasan sus últimos días en ocupaciones peligrosas. La lógica darwiniana está clara: para la colonia, los individuos de más edad tienen poco que ofrecer y son prescindibles.

La evolución en el ámbito de grupos organizados ha dado muy buenos resultados para las más de quince mil especies de hormigas que habitan en el mundo. Las hormigas son los carnívoros terrestres dominantes en el rango de peso de uno a cien miligramos. Las termitas, en ocasiones llamadas erróneamente «hormigas blancas», son los consumidores dominantes de madera muerta. Juntas, hormigas y termitas, son «esas cositas que gobiernan el mundo», al menos entre los animales del mundo terrestre. Por ejemplo, en las pluviselvas brasileñas, suponen unas increíbles tres cuartas partes de la biomasa de insectos y más de una cuarta parte de toda la masa animal.

Las hormigas llevan aquí unas cien veces más tiempo que los humanos. Se ha calculado (mediante métodos moleculares) que se originaron hará unos 150 millones de años. Luego se diversificaron produciendo una miríada de formas anatómicas hace unos cien millones de años, al final de la era de los reptiles. Se produjo una segunda radiación durante la primera etapa de la Edad de los Mamíferos. La especie moderna de *Homo sapiens*, en cambio, apareció en África hace solo un millón de años, muy poco tiempo en comparación con las hormigas.

Si en cualquier momento de los últimos cien millones de años los extraterrestres hubieran visitado la Tierra, se habrían encontrado una inmensa cantidad de vida en la superficie. Se habrían encontrado con una fauna y una flora dominadas por las hormigas y, por lo tanto, en gran parte, sana e intacta. Los extraterrestres se habrían convertido en mirmecólogos. Habrían descubierto que las hormigas, además de las termitas y otras criaturas altamente sociales, eran algo extrañas, pero, por esa razón, una pieza fundamental en el mantenimiento de la estabilidad de casi todos los ecosistemas terrestres del planeta.

Seguramente, los extraterrestres podrían haber transmitido un mensaje a su planeta diciendo que, en la Tierra, «todo está en orden. De momento».

2

El nacimiento de un naturalista

La Naturaleza es la diosa metafórica que representa a toda la existencia que se halla lejos del control humano. La humanidad ha sido bendecida con el amor a todas sus manifestaciones, desde el dulce descenso de sus puestas de sol hasta la furia de sus tormentas, y desde el vacío del espacio más allá de la biosfera hasta la hirviente diversidad que contiene, de la que nosotros solo somos una reciente incorporación aleatoria.

El amor a la Naturaleza es una forma de religión, y los naturalistas son su clero. La diosa, pensamos, nos guiará en nuestro paso de la oscuridad a la luz. A aquellos que la seguimos, nos ha hecho la promesa definitiva que hacen todas las religiones: la eternidad de la Naturaleza en este planeta, y de nosotros como integrantes de ella.

Mi vida es el resultado de una mezcla temprana de dos fes: la primera, tradicionalmente devota y la segunda, científica. Me considero afortunado, ya que, durante los años que estuve estudiando en escuelas públicas, me pasé la mayor parte del tiempo preparándome para realizar una carrera en Historia Natural. Mi mayor sueño era ser naturalista profesional. Nunca consideré una segunda opción. El resultado fue que presté muy poca atención al trabajo en clase, al deporte y a las actividades sociales.

Esta falta de normalidad se debió en parte a la extraña circunstancia de que yo era el único hijo de cuatro progenitores, acudí a dieciséis escuelas a lo largo de once cursos en esa misma cantidad de pueblos y ciudades, y, mientras crecía, me vi condicionado por la confusión que causaban todos esos cambios. Mi padre, Edward, y mi madre, Inez, se divorciaron cuando yo tenía ocho años. Durante este drama, bastante inusual para la década de 1930, me enviaron a la famosa y estricta Academia Militar de la Costa del Golfo hasta que se aclararon las cosas. Luego contrataron a una entrañable dama para que cuidase de mí, Belle Robb («Mamá Robb»), que era maravillosamente amable conmigo. También era una excelente cocinera, y sus pastelitos fritos de sémola de maíz eran extraordinariamente sabrosos. Mamá Robb era la mejor tutora posible, desde el punto de vista de un niño: me dejaba hacer casi todo lo que quería. Había una excepción: tenía que jurar ante Dios que nunca bebería alcohol, fumaría o apostaría. Y, por encima de todo, debía jurar que amaría a Jesús con todo mi corazón y toda mi alma. Nuestro Salvador, me aseguraba Mamá Robb, regresaría para visitarme de vez en cuando. Cuando me empecé a impacientar esperando que viniera Jesús en persona, Mamá Robb admitió que Jesús podría aparecer en forma de un simple *destello* en algún lugar, por ejemplo, en una de las esquinas superiores de mi habitación.

Con el tiempo, el hecho de que no se produjese una Segunda Venida dejó de tener importancia. Me habían empezado a interesar otras cosas. Gracias al apoyo de Mamá Robb, empecé a coleccionar todos los insectos que podía encontrar alrededor de las casas del vecindario, en los solares vacíos y en las calles situadas entre la casa de los Robb, en el 1.524 de la calle East Lee en Pensacola, Florida, y el instituto local al que acudía. Era una aventura excitante para un niño de esa edad, una que sigo disfrutando a una escala mucho mayor, y una que fue precursora de un importante método de recolección de datos en la ecología moderna, el Inventario de Biodiversidad de Todos los Taxones (ATBI, por sus siglas en inglés). Regaba las plantas tropicales que Mamá Robb tenía en el porche y por toda la casa. Alimentaba a mi mascota (un bebé caimán) y empecé a excavar un agujero en el patio trasero a través del cual esperaba llegar hasta China.

Sin embargo, aunque era un chico como cualquier otro, la actividad que tuvo más impacto en mi vida fue posible gracias a un regalo de Navidad de mi madre: un microscopio compuesto para niños. Gracias a ese instrumento me pasaba horas observando rotíferos, paramecios y otros organismos microscópicos que abundaban en las gotas de agua del estanque. Esta aventura iba a ejercer una influencia poderosa en mí el resto de mi vida. Y en todo este tiempo no he cambiado: sigo sintiendo una emoción parecida siempre que visito algún hábitat desconocido en diferentes partes del mundo en busca de nuevas clases de plantas y animales.

En 1939, cuando tenía diez años, dejé a Mamá Robb y Florida y me reuní con mi padre, por entonces un empleado del gobierno que tenía una nueva esposa, mi madrastra Pearl, para vivir en un apartamento de la calle Fairmont en Washington D. C.

Fue uno de los hechos casuales más felices de mi vida. Me di cuenta de que estaba viviendo a tan solo cinco manzanas del Parque Zoológico Nacional, llamado informalmente el Zoo Nacional. Justo más allá de este país de las maravillas, habitado por grandes animales de todo el mundo, estaban los bosques y pastos del parque Rock Creek.

Inspirado por las guías de campo y las deslumbrantes fotografías que aparecían en los números de *National Geographic* que encontraba en la biblioteca, la entrada libre al Zoo Nacional y la posibilidad de explorar las tierras salvajes de Washington D. C., me convertí en un fanático de las mariposas. Utilicé parte del tiempo que debería haber dedicado a los deberes del instituto a recopilar una gran colección. Los instrumentos con los que contaba eran alfileres y cajas para los especímenes y una red para cazar insectos que me hizo Pearl. (En los años posteriores, y ya dedicándome a nuevas aventuras, descubrí que era fácil confeccionar una red rápidamente y en cualquier lugar. Cortaba un palo de escoba para que hiciese de mango, doblaba una percha para formar un círculo y la fijaba al mango, y luego cosía un pedazo de estopilla creando así una bolsa que colgaba del borde de la percha.) Me convertí en un experto en la localización y caza con red de casi todas las especies que volaban tanto en la capital como a su alrededor. Y todavía hoy las recuerdo con todo detalle. En los jardines delanteros de las casas abundaban las mariposas de la subfamilia Heliconiinae, otras del género *Vanessa* se perseguían entre sí en plena batalla por el territorio alrededor de los coches aparcados, algunas mariposas de la familia Papilionidae pasaban a toda velocidad por encima de mi cabeza, una de gran tamaño, puede que una *Papilio cresphontes*, voló hacia la copa de un árbol y se me escapó. También había incontables ejemplares de la subfamilia Coliadinae, de la familia Lycaenidae. De la familia Pieridae encontré especímenes de *Pieris rapae* (blanquita de la col) y, ¡todo un triunfo!, un ejemplar de la especie autóctona de dicha familia. En cambio, no pude encontrar ni una sola *Nymphalis antiopa*, la mayoría de las cuales son invernantes.

Si hoy me diesen una red cazamariposas en primavera o en verano en la capital (y un permiso que mostrar a la policía de la ciudad), creo que podría repetir fácilmente mi aventura.

Mi fascinación por el mundo natural empezó a crecer a medida que disponía de más tiempo y más sujetos y lugares que explorar. Me ayudó mi mejor amigo, Ellis MacLeod, que veinte años después se convirtió en profesor de Entomología en la Universidad de Illinois (al mismo tiempo que yo ocupaba un puesto similar en Harvard). De niños nos empezamos a interesar por las hormigas. La fuente de nuestra inspiración fue un artículo de *National Geographic* titulado «Ants: Savage and Civilized», escrito por William Mann, el director del Zoo Nacional en la época en la que lo visitaba con frecuencia para ver los animales de gran tamaño y cazar mariposas en sus jardines. No fue la única coincidencia. Anteriormente, Mann había obtenido su doctorado bajo la tutela de William Morton Wheeler, profesor de Harvard y mi predecesor como conservador de Entomología y creador de la colección de hormigas (con la ayuda de Mann) del Museo de Zoología Comparada de Harvard.

En «Ants: Savage and Civilized», Mann hablaba de las especies que se encuentran en la mayoría de los países tropicales. Pronto nos dimos cuenta, a nuestros diez años de edad, de que la única hormiga de las que hablaba que podíamos encontrar en Washington D. C. era la «hormiga del día del trabajo» (nombre científico *Lasius neoniger*), cuyos pequeños cráteres, que señalan la existencia de un hormiguero, abundan en los patios, jardines y campos de golf de casi todo el este de Estados Unidos, y cuyo nombre común deriva de los enjambres de machos y reinas vírgenes que emergen para aparearse tras una fuerte lluvia durante la semana que sigue o precede al día del trabajo.*

Este incipiente interés se vio repentinamente interrumpido. Tras dos años viviendo en Washington D. C., nuestra pequeña familia regresó a Mobile, Alabama. Era nuestra tierra natal, el lugar en el que habían vivido casi todos los antepasados de mi padre desde la década de 1820. Mi abuela paterna, Mary Wilson, había fallecido, dejando a mi padre y a su hermano, Herbert, la enorme casa que había construido mi bisabuelo.

Una vez más fui afortunado, ya que vivía a poca distancia de entornos naturales inusualmente ricos. En esta ocasión se trataba de solares cubiertos de vegetación junto a los pantanos y arboledas remanentes que bordeaban el área del muelle de la bahía de Mobile.

* En Estados Unidos, el Día del Trabajo (Labor Day) se celebra el primer lunes de septiembre. *(N. del t.)*

Contaba con una bicicleta Schwinn nueva, gracias a la cual podía desplazarme hasta una rica mezcla de hábitats salvajes y semisalvajes en lugares tan lejanos como la confluencia de Dog River y Fowl River, en el camino hacia Cedar Point, y al final de una carretera sin asfaltar que conducía hasta el muelle desde donde se zarpaba hacia Dauphin Island. Seguí buscando mariposas y hormigas, pero amplié mis intereses para incluir muchas otras clases de insectos. También encontré un nuevo amor, las serpientes y otros reptiles de los que había una gran variedad en toda la costa del golfo de México.

El camino que me iba a acabar convirtiendo en naturalista se vio reforzado gracias a otra migración más, esta vez hasta Brewton, una pequeña ciudad de Alabama, cerca de la frontera situada en el mango de Florida justo al norte de Pensacola. Se trataba de un lugar bucólicamente agradable, tanto por su gente como por las casas, con una población estable de unas 5.900 personas. Rodeado de «pantanos» (bosques de llanuras inundables atravesados por corrientes de agua dulce), forma parte de la región central de la Costa del Golfo, la que hoy sabemos que es, posiblemente, la más rica de Norteamérica en diversidad animal. Allí viven treinta y dos especies de serpientes; catorce especies de tortugas (una fauna con la que solo pueden rivalizar el delta del Mekong y partes de la cuenca hidrográfica del Amazonas); una espectacular diversidad de peces de agua dulce, cangrejos de río y moluscos; además de una cantidad aparentemente ilimitada de hormigas, mariposas y otros insectos.

Décadas más tarde, Brewton fue el modelo que utilicé para crear Clayville, una ciudad sureña imaginaria, en mi novela *Anthill.* (Este trabajo, para mi agradable sorpresa, recibió en 2010 el Premio Heartland a la mejor novela sobre la vida americana.) Brewton, por su parte, se ganó mi admiración al bautizar con mi nombre un parque natural. La reserva es relativamente grande, se extiende, en una dirección, desde los límites de la ciudad hacia Burnt Corn Creek, donde, durante la guerra de 1812, los guerreros creek «bastones rojos» derrotaron a un contingente de la milicia de Alabama, y en otra dirección hacia Murder Creek, donde los bandidos robaron y mataron a un grupo de los primeros bretonianos en su camino hacia Pensacola para comprar munición.

Obtuve cierto reconocimiento entre mis colegas quinceañeros al ser el primer *boy scout* de la zona que ganó el rango de Águila. Y también por sentarme en el banquillo como el tercer extremo defensivo del equipo de fútbol americano. (Solo me llamaron para jugar una vez, en el último minuto del partido decisivo de la final, con las palabras que recuerdo con orgullo, «Wilson, ocupa el extremo izquierdo».) Y, finalmente, por capturar con la mano las venenosas serpientes mocasín de agua y enseñárselas a mis colegas fascinados. (El método Wilson, que solo recomiendo para los adultos experimentados, es el siguiente: dejas que la serpiente empiece a alejarse de ti, la sujetas cerca de su cabeza de la forma más segura posible con un palo de escoba recortado, lo haces girar hacia delante para sujetar toda la cabeza con firmeza, la coges justo por detrás de la cabeza, la levantas con la mano que tienes libre y la dejas caer en un saco ya abierto.) Los chicos de mi edad, que tenían apodos como A. C., Chip, Buzz y Rusty, me recompensaron bautizándome con uno,

Snake (serpiente). Era algo «muy del sur», me dijeron. El mismo epíteto lo recibió más tarde un *running back* del fútbol americano profesional por su habilidad para escabullirse entre las líneas de la defensa contraria.

3

La especie correcta

En el verano de 1945, poco después de mi decimosexto cumpleaños, dejamos Mobile, la ciudad costera de Alabama, para trasladarnos 542 kilómetros al norte, a Decatur, donde el río Tennessee atraviesa los condados del norte de Alabama. En esa pequeña ciudad portuaria y en sus alrededores descubrí un nuevo mundo natural que iba a tener un efecto especialmente profundo en mi vida y en mi carrera científica.

Mi padre, Edward, un auditor financiero de la Agencia de Electrificación Rural, que proporcionaba electricidad a las ciudades y granjas de las zonas rurales del sur, decidió que nos teníamos que trasladar cada pocos años para poder estar cerca del trabajo y de casa.

Una de las consecuencias de nuestra peregrina existencia fue que durante mi educación acudí a quince escuelas en dieciséis pueblos y ciudades de tres estados diferentes además de en el Distrito de Columbia.

Una agenda con esta complejidad tan abrumadora puede resultar difícil para un adolescente. Yo me adap-

Ed Wilson a los catorce años, cuando su atención estaba puesta en las mariposas, las moscas dolicopódidas y las serpientes, antes de pasarse a las hormigas como grupo favorito.

té volcándome cada vez más en la naturaleza. Cuando me era difícil hacer nuevos amigos y, por lo tanto, disfrutar de las habituales amistades adolescentes, clichés y equipos deportivos, me iba a los hábitats naturales para estar en un ambiente que me fuera familiar.

Por lo tanto, pasé una buena parte de los veranos yendo de un lugar a otro en mi bici, buscando retazos de medio ambiente salvaje que hubieran sobrevivido tanto en los alrededores de Decatur como más allá, en los bosquecillos y campos antiguos. Los lugares más silvestres estaban más allá del río Tennessee, muchos de ellos abandonados durante la segunda guerra mundial, que seguía activa en el extranjero. No veía prácticamente a nadie por esos parajes, y si aparecía alguien, era en la lejanía.

En el lado de Decatur, descubrí una cueva natural y, aunque sufría una versión leve de claustrofobia, la exploré en busca de cangrejos de río blancos y ciegos y otros troglobios, que es como se llaman científicamente esos especialistas subterráneos. Por suerte, nunca me perdí en el interior de la cueva. Nadie habría sabido dónde buscarme hasta que alguien se hubiera dado cuenta de que mi bicicleta estaba en la entrada de la cueva. Pero nunca me perdí, al menos no más de un par de horas, ni mientras exploraba otros entornos silvestres.

Hoy, escribiendo setenta y cinco años después de mi llegada a Decatur, pienso que fue una suerte que no me interesara mucho hacer amigos, ser popular en algún aspecto o incluso destacar en la vida social de la escuela secundaria superior. Mi ambición fundamental y casi exclusiva era convertirme en un experto en algún aspecto de la historia natural, y aprender la ciencia implicada. Me estaba preparando para ir a la universidad. Mi habitación en Decatur no solo estaba llena de referencias y libros de la escuela secundaria superior, sino también de guías de campo de las plantas y animales de Norteamérica.

Han existido literalmente millones de especies alrededor del mundo en los ambientes naturales, y siguen existiendo en el siglo XXI. Pensé que el estudio de cualquiera de esas especies podría ser el inicio de una carrera científica. El reto durante mi adolescencia, como lo es para la mayoría de los acólitos de mi clase, no era descubrir la mejor forma de estudiar la especie o el grupo de especies elegido. Era escoger la especie *correcta*. Comprendí que, si elegía bien, mi carrera como científico podría empezar ya en mi primer año de universidad.

Necesitaba coraje y ambición para empezar. La misma idea de estudiar en la universidad era abrumadora, sobre todo porque yo era el primero en toda la historia de mi familia, tanto del lado de mi padre como del de mi madre, en asistir a la facultad. Además, no teníamos mucho dinero. Mi padre estaba enfermo como resultado de su servicio durante la primera guerra mundial; fue precisamente en el ejército donde aprendió el oficio de contable. Dado que durante su infancia no pasó del séptimo curso, llegué a admirarlo por la empinada colina que tuvo que ascender para lograr ganarse la vida ejerciendo una profesión. Su ejemplo me dio fuerzas en mi determinación para hacer lo que hiciera falta para convertirme en científico y naturalista profesional. Pensé que necesitaba acudir a una universidad, aunque en los últimos años me había convencido de que una buena universidad de artes liberales también me serviría.

Me sentía especialmente atraído por el programa de becas de la Universidad Vanderbilt, anunciado durante mi último año en la escuela secundaria en Decatur, ya que parecía propicio para mis planes. Incluso hice un examen de ingreso. Trabajé duro, pero no me concedieron una beca y ni siquiera fui admitido. Muchos años después mencioné ese rechazo, sin malicia, cuando di el discurso inaugural en la apertura del nuevo Centro de Ciencias de Vanderbilt.

Al igual que otros millones de jóvenes estadounidenses, me di cuenta de que mi única opción para acudir a la universidad sería gracias a la escasa cantidad que mis padres pudieran aportar, además de lo que pudiera ganar y ahorrar por mí mismo. Así que durante mi último año en la escuela secundaria acepté cualquier trabajo que pude encontrar y ahorré cuanto ganaba. Pasé de un trabajo a otro para ganar todo lo posible: repartidor de periódicos, vendedor de revistas a domicilio, encargado de los «helados con soda» en un bazar, repositor en unos grandes almacenes y, finalmente, oficinista en la fábrica de acero local. Estaba desesperado por conseguirlo, y la verdad es que lo hacía muy bien en todos esos trabajos. Cuando al final del verano de 1946 me preparé para dejar la fábrica de acero, el director del departamento en el que trabajaba me dijo: «Ed, no tienes por qué ir a la universidad. Quédate aquí en la fábrica. ¡Ya tienes un diploma de la escuela secundaria! Llegarás lejos».

Decidí no averiguar cuán lejos. En cualquier caso, la asamblea legislativa de Alabama me salvó. Al menos, sus miembros tomaron medidas que hicieron posible mi admisión, accidental, en la Universidad de Alabama. Evidentemente, creyeron que los campus, con el final de la segunda guerra mundial y la aprobación de la Ley G. I. que garantizaba el acceso a la educación de nivel universitario a aquellos que sirvieron en la guerra, se verían inundados de veteranos que regresaban. Aprobaron una ley según la cual cualquiera que fuera residente del estado y que se hubiera graduado en la escuela secundaria sería admitido en la Universidad de Alabama. Yo no era un veterano, pero sí que cumplía con los otros dos requisitos, y fui admitido en la principal universidad del estado. No debería sorprender a nadie que hasta el día de hoy siga siendo uno de los exalumnos más leales de la Universidad de Alabama en todos los sentidos posibles.

Y entonces llegó la gran elección. Sabiendo ya que iba a estudiar en la Universidad de Alabama, ¿qué insectos (un grupo de especies relacionados o solo una única especie) me permitirían convertirme en una autoridad mundial y, por lo tanto, lanzar mi carrera como naturalista científico? Hice excursiones para estudiar la fauna y la flora de los alrededores de Decatur. Pesqué en el cercano río Tennessee, memoricé los nombres de todas las especies de peces locales, desde la perca hasta la especie local de pejelagarto, capturé serpientes en los bosques locales, busqué en la cueva cercana escarabajos blancos ciegos y grillos carnívoros cuyas mandíbulas parecían de hierro. Y realicé por mi cuenta un estudio a nivel universitario de todos los insectos en general.

Uno de los primeros candidatos fue un extraño conjunto de especies que forman pequeños ecosistemas que seguramente existen desde hace cientos de millones de años. Las esponjas están presentes en todas las partes del mundo, viven principalmente en mares poco profundos, pero se pueden encontrar especies que viven en corrientes de agua dulce y lagos. En un arroyo prístino situado en el límite de una granja, encontré colonias que crecían en gruesas capas en el fondo. Formaban un ecosistema único, y mostraban evidencias de haber sido dañadas por larvas de insectos con forma de oruga pertenecientes a la familia Sisyridae, cuyo origen también es muy antiguo. Esponjas y sus moscas parásitas: ¡increíble! Pero decidí no escoger las esponjas y sus moscas parásitas como grupo favorito para mis estudios universitarios y mi futura carrera. Son escasas y, por tanto, difíciles de encontrar en cualquier sitio.

No ocurre lo mismo con las moscas dolicopódidas, las «moscas de patas largas», que es lo que significa su nombre en latín. Las encontraba en todos los jardines, y era difícil no percatarse de su presencia. Debido a la refracción de la luz solar, sus diminutos cuerpos parecían partículas de oro verduzco metálico cuando zigza-

Ed Wilson con diecisiete años, el día de su llegada a la Universidad de Alabama, en septiembre de 1946.

gueaban y giraban en círculos sobre las superficies de las hojas, o cuando se levantaban como bailarinas sobre sus patas, largas demasiado delgadas para ser vistas a simple vista. Las moscas de esta familia no son las moscas habituales que conocemos todos (en el imaginario común, las repulsivas buscadoras de mugre y cadáveres), sino depredadoras brillantes y limpias de otros insectos de su mismo tamaño y menores.

Aprendí en los libros que en todo el mundo había unas cinco mil especies conocidas de dolicopódidos, y muchas más esperaban ser descubiertas y descritas, pero nadie había estudiado su biología. Vi que podía ser un tema que mereciera un estudio científico para toda la vida, que tan solo esperaba a que los especialistas lo comprendieran y lo dieran a conocer. Me podía imaginar en los años futuros: Edward O. Wilson, experto en moscas dolicopódidas, trabaja como experto en dípteros en el Museo Smithsoniano, tiene planeadas expediciones equipado con su red y su botella al Amazonas, a la Patagonia y al Congo...

Pero entonces descubrí algo todavía más excitante. O, más bien, fue una suerte que ellas me descubrieran a mí. Hormigas. Y sucedió de la siguiente forma.

4

Hormigas legionarias

La colonia salía en tromba de un vivac escondido en nuestro jardín trasero, una horda del tamaño de una docena de legiones romanas, formando un grupo compuesto por tres o cuatro columnas. Eran hormigas legionarias obreras y soldados: más de cien mil acompañadas por su reina madre del tamaño de un dedal, moviéndose firme y rápidamente desde una antigua fortaleza a una nueva. Se desplazaban a paso ligero, siguiendo un rastro químico que dejaban las exploradoras que iban más adelante, rodeadas por sus hermanas, delante, detrás y en los lados. Toda la colonia salió del vivac al jardín como si se desenrollara una cuerda.

Caminando junto a la columna, llegué hasta el final y me topé con otra sorpresa: la guardia trasera no estaba formada por hormigas, sino por pequeños escarabajos y pececillos de plata. Estos últimos individuos de la fila que, con el tiempo, supe que eran característicos de las colonias de hormigas legionarias de todas las clases, son parásitos sociales. Evitando las mandíbulas y

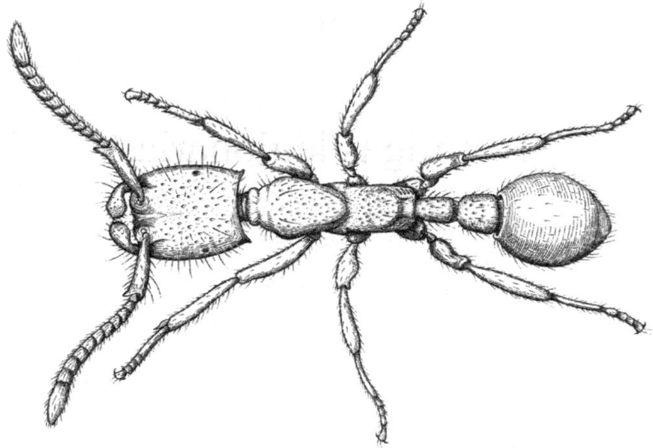

Una obrera de la hormiga legionaria *Neivamyrmex*, encontrada en Estados Unidos en el río Tennessee, cerca del límite norte de su territorio. (Ilustración de Kristen Orr.)

aguijones de sus hospedadores, gorronean todos los pedazos de comida que pueden.

Más adelante aprendí que la colonia que desfilaba era de una clase que solemos llamar «hormigas legionarias miniatura», y que pertenecían al género *Neivamyrmex*. Decatur se encuentra cerca de la frontera norte de los territorios donde viven todas las clases de hormigas legionarias.

Me topé de nuevo con esa especie siendo ya un estudiante de primer año en la Universidad de Alabama, cuando en los bosques cercanos de Hurricane Creek descubrí vivacs en troncos de pino podridos. Pude recoger colonias enteras, ya que se hallaban en una fase pasiva de su ciclo de vida, y transportarlas hasta el laboratorio para un estudio más detallado. Tenía terminantemente prohibido dejarlas deambular por los despachos del Josiah Nott Hall, sede del Departamento de Biología, pero podía estudiarlas en su estado inactivo. Gracias a ello, realicé un extraordinario descubrimiento. No encontré ninguno de los pececillos de plata que vi en la procesión de Decatur, pero, en cambio, había muchos escarabajos diminutos, una de las criaturas más pequeñas de la Tierra. Eran, supe más adelante, miembros del género *Paralimulodes*, los primeros que se encontraban fuera de Sudamérica. Con sus patas cortas y rígidas, se deslizaban sobre los cuerpos de las hormigas y saltaban de una a otra. Se comportaban como pulgas. ¿Y qué comían? Nada que el lector pueda esperar. Lamían las secreciones oleosas del cuerpo de sus relativamente gigantescos hospedadores. Parecía que a las hormigas no les importaba su presencia. No realizaban el menor esfuerzo por deshacerse de ellos.

Años después, durante una salida de campo a Luisiana, mientras dormía en un colchón hinchable sobre el suelo del bosque, me topé con hormigas legionarias de una forma completamente diferente. En algún momento de la noche, me desperté y encontré hormigas pululando sobre mi colchón y mi cuerpo. Eran las mismas *Neivamyrmex*, o una especie muy cercana, también en plena marcha hacia un nuevo vivac. Para ellas, mi cuerpo era solo otro obstáculo que salvar, como la verja del jardín de mi casa de Alabama.

El comportamiento guerrero de las hormigas legionarias resulta bastante difícil de comprender desde una perspectiva humana, pero ha sido todo un éxito durante el millón de años que llevan evolucionando. Todos los continentes, excepto Europa y la Antártida, tienen su propio género (grupos de especies relacionadas) o géneros de hormigas legionarias. *Neivamyrmex* es el ejemplo en Norteamérica y Sudamérica en la zona entre trópicos. Las feroces hormigas del género *Eciton* fueron la inspiración de la famosa historia corta de 1938 escrita por Carl Stephenson, «Leiningen versus the Ants», y de la película de 1954 titulada *Cuando ruge la marabunta*, protagonizada por Charlton Heston, con Eleanor Parker valientemente a su lado defendiendo su plantación de cocos ante la marcha de una masa de un kilómetro y medio de ancho compuesta por hormigas mordedoras y urticantes. Y no hay que olvidarse de *Anomma* y *Dorylus*, las hormigas guerreras de África, que en la vida real rivalizan o superan incluso a la más fieras de todas las *Eciton*.

Las hormigas del género *Eciton*, que en la mayoría de los casos viven entre la enmarañada vegetación del suelo, se desplazan frecuentemente de un sitio a otro, preparadas para atacar y matar a cualquier intruso que entre en su vivac o se cruce con sus legiones en busca de comida. Muchas de ellas pertenecen a una casta de soldados, armadas con largas mandíbulas falciformes que hacen que sea todavía más difícil estudiar las colonias. Sin embargo, sí que lo consiguió un psicólogo convertido en entomólogo, Theodore C. Schneirla, quien realizó una investigación de campo sobre las hormigas legionarias del género *Eciton* entre 1933 y 1965. Sus conclusiones fueron confirmadas y ampliadas durante la década de 1960 por su seguidor, igualmente brillante, Carl W. Rettenmeyer. Su trabajo, junto al de otros, fue resumido en mi propia síntesis, *The Insect Societies*, publicado en 1971.

Siendo un joven científico, conocí personalmente a Ted Schneirla y seguí sus investigaciones muy de cerca. Me parecía un hombre tranquilo, apasionado, muy serio respecto a su trabajo. Perseguía dos objetivos principales relacionados entre sí. El primero era comprender con minuciosidad a estos insectos sociales cuya organización, impulsada firmemente por su instinto, era tan intrincada. Y luego, al ser psicólogo, deseaba mostrar que sus repertorios de comportamiento estaban guiados por el aprendizaje individual. Si el instinto de un insecto de cerebro pequeño es un producto del aprendizaje, razonaba Schneirla, entonces también lo son las demás formas de comportamiento. Entre la década de 1920 y la de 1960 era muy habitual hacer énfasis en la experiencia y el aprendizaje porque contradecía la eugenesia y proporcionaba esperanza a aquellos que proponían una democracia individualista. Sin embargo, no creo que el asombroso relato de la biología de las hormigas legionarias que hicieron Schneirla y Rettenmeyer se viera influido por ninguna ideología. Describieron lo que vieron.

Algunos de los mejores trabajos de los dos entomólogos fueron sobre una especie concreta, *Eciton burchelli.* Su modo de cazar, llamado incursiones de enjambre, es bastante inusual entre las hormigas legionarias en general. Cuando las obreras abandonan el compacto enjambre, se extienden formando una masa en abanico que crece formando un amplio frente de avance. Después se retiran, encogen el abanico y regresan al vivac. El enjambre de *Eciton burchelli* es una fuerza abrumadoramente poderosa. La mayoría de las obreras salen del vivac formando una masa viva de entre 150.000 y 700.000 individuos. El abanico que forman se desplaza hacia delante a una velocidad de unos veinte metros por hora. Cuando se topan con un riachuelo o una grieta profunda, las obreras que van delante encadenan patas y mandíbulas para formar puentes vivientes.

Una vez en marcha, las incursoras de enjambre son despiadadas, aunque en una escala menor, digna del «Leiningen versus the Ants» mencionado con anterioridad. «Las enormes salidas de *burchelli* —escribió Schneirla—, suponen el final para casi cualquier forma de vida animal que se cruce en su camino y no pueda escapar.» Continuaba diciendo que:

> Entre sus presas habituales hay tarántulas, escorpiones, escarabajos, cucarachas, saltamontes e individuos adultos, y crías de otras hormigas y diversos insectos que viven en el bosque; pocos pueden escapar. He visto, en varias ocasiones, serpientes, lagartos y crías de pájaro morir; e incluso algún vertebrado más grande que, fruto de las heridas provocadas por alguna otra razón, no podía huir y moría por culpa de los aguijonazos o por asfixia.

Las incursiones de enjambre de *burchelli* pueden considerarse como una especie de guadaña ecológica que va segando el suelo de la pluviselva. En la isla panameña de Barro Colorado, cuya superficie es de unos dieciséis kilómetros cuadrados, los entomólogos han descubierto que, en cualquier momento, hay unas cincuenta colonias activas, cada una de ellas recorriendo durante medio día unos doscientos metros. Se pueden oír a distancia, primero el murmullo y siseo de sus pisadas y el de las presas que huyen, luego el zumbido de las moscas parásitas que revolotean sobre ellas. Por último, se oyen los cantos de hasta diez especies de pájaros hormigueros que se llevan una parte de las presas que huyen. El número y la diversidad de insectos, arañas y otros animales invertebrados presentes caen en picado al paso del enjambre, aunque el área perturbada es aún demasiado pequeña para tener un efecto sobre toda la isla. Piense en las colonias de hormigas legionarias no como si fueran una aspiradora, sino más bien como el equivalente a cincuenta grandes carnívoros, por ejemplo, jaguares o pumas, alimentándose no de venados y pecarís, sino de toda una diversidad de presas de pequeño tamaño.

Una característica de todos los ecosistemas es la presencia de productores primarios de alimentos. En esta categoría se hallan las propias hormigas además de una amplia variedad de otros organismos que dependen de ellas. En mi primera experiencia con hormigas legionarias, la especie miniatura de *Neivamyrmex* que encontré en Alabama, descubrí muy pocos de esos parásitos, tan solo un pececillo de plata y algunos escarabajos no identificados. En las colonias de hormigas legionarias de los trópicos americanos, Carl Rettenmeyer y después de él otros investigadores descubrieron cientos de especies parasitarias, entre ellas arañas de la familia Oonopidae; ácaros de las familias Circocyllibamidae, Laelapidae, Scutacaridae, Macrochelidae y de los géneros *Coxequesoma*, *Planodiscus*, *Neoparasitus* y *Pyemotes*; pececillos de plata de la familia Nicoletiidae; coleópteros de las familias Carabidae, Limulodidae (subfamilia), Staphylinidae e Histeridae; moscas de las familias Phoridae, Conopidae y moscas de la familia Tachinidae; y avispas de la familia Diapriidae.

Seguramente, la lista de Rettenmeyer está incompleta. Aunque hasta la fecha se conoce un gran número de parásitos y depredadores, impresionan mucho más las técnicas que han desarrollado durante millones de años para lograr una relación tan íntima con sus hormigas legionarias hospedadoras. Los coleópteros limulódidos (Limulodidae) y los pececillos de plata nicoletíidos (Nicoletiidae) trepan sobre los cuerpos de las hormigas, se alimentan de sus secreciones corporales y roban comida que las hormigas traen a sus vivacs. Los ácaros de la familia Circocyllibamidae se colocan en la superficie interior curva de las largas mandíbulas de las hormigas. Otros ácaros, los del género *Antennequesoma*, que parecen pinzas de la ropa, se fijan permanentemente a la base de las antenas de las obreras. Los adultos del coleóptero *Euxenister,* de la familia Histeridae, montan sobre las hormigas obreras como si fueran jinetes sobre el lomo de un caballo, con sus largas patas agarradas a la parte central del cuerpo de sus hospedadores. Puede que el más asombroso de todos sea un ácaro del género *Macrocheles,* que se fija a la punta del pie trasero de una obrera, desde donde le chupa la sangre, pero también sirve como «pie» extra, por lo que no interfiere con el caminar de su hospedador.

El extraño mundo de las hormigas legionarias y sus parásitos nos recuerda un importante principio de la biología de los parásitos —puesto en práctica en toda una serie de organismos, desde bacterias patógenas a criminales humanos—, según el cual el parásito más exitoso es aquel que causa menos daño.

5

Hormigas de fuego

Un día, mientras estaba sentado en una silla de camping en la zona central de Dauphin Island, la principal isla barrera de Alabama en el golfo de México, me dejé llevar por un impulso. A mis pies tenía la entrada de un nido de hormigas de fuego importadas, y estaba hablando sobre ellas ante una cámara para un programa especial para la televisión, *El señor de las hormigas*. Me preguntaba, como había hecho muchas veces antes, por qué a estos insectos se les llama hormigas «de fuego». Me habían picado, como a la mayoría de las personas que pasan mucho tiempo al aire libre y están al alcance de esta plaga tristemente célebre. Sin embargo, por lo general es fácil desprenderse de estos atacantes y el dolor es local y temporal.

Sin embargo, sabía que estas hormigas te pueden matar. Por lo tanto, regla número uno: nunca te sientes, estés de pie o te caigas sobre un montículo de hormigas de fuego. Si tienes alergia a su veneno puedes sufrir un *shock* anafiláctico. Si estás con un niño pequeño que tropieza con un montículo, desencadenando un ataque masivo, el resultado puede ser letal.

Así que tuve el siguiente impulso: experimentar un ataque masivo con la cámara grabando, por lo que quedaría un registro permanente, y luego, por supuesto, detenerlo rápidamente. Podría contar por qué a *Solenopsis invicta* se la llama hormiga de fuego. Sin pensar en ello demasiado tiempo, metí la mano izquierda (porque soy diestro) hasta la muñeca en el centro del montículo y la mantuve así durante unos cinco segundos, luego la saqué y me quité de encima las numerosas hormigas que ya tenía enganchadas.

Incluso en ese corto espacio de tiempo, la mano se llenó de hormigas que se retorcían y me aguijoneaban la piel. Un número menor corría desesperadamente por el antebrazo para llegar a otras partes de mi cuerpo. La

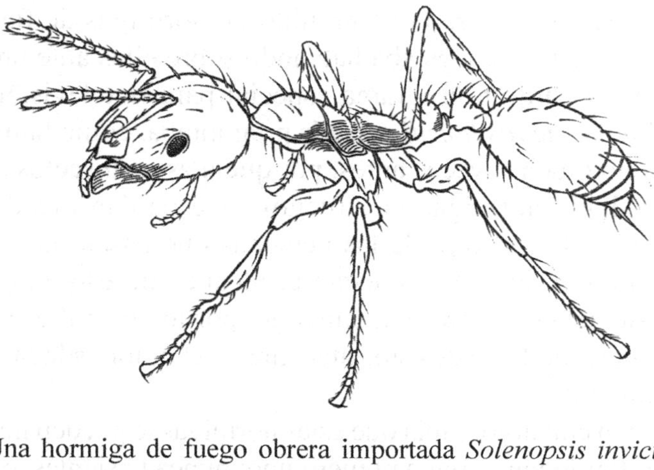

Una hormiga de fuego obrera importada *Solenopsis invicta*, nativa de los humedales de Sudamérica, y que fue introducida por accidente en el puerto de Mobile, Alabama, desde donde se propagó como una plaga por otras partes del mundo. (Ilustración de Kristen Orr.)

colonia no había sido advertida, aunque su feroz respuesta fue casi instantánea. Dado que para las hormigas de fuego se trataba de una situación dramática de vida o muerte, fueron más rápidas que su enemigo.

Sentí inmediatamente un dolor insoportable. Tal como se lo describí a mis compañeros en directo, era como si me hubiera vertido queroseno sobre la mano y le hubiese prendido fuego. En pocos segundos, cincuenta y cuatro hormigas defensoras se me habían enganchado a la mano y la muñeca. Sé el número exacto porque cada aguijón de las hormigas de fuego provoca que salga una pústula y, si uno se rasca para quitarse el ardiente aguijón, corre el riesgo de que la zona se infecte. Parecía que las hormigas decían: te hemos dejado un pequeño recordatorio: no te metas con nuestro hogar.

Ese mismo día se produjo otro suceso destacable. Había llevado al equipo de grabación a Dauphin Island con la promesa de que la isla, un famoso destino de paso de las aves que migran desde el norte del Yucatán atravesando el Caribe, es también conocida por su densidad de montículos de hormigas de fuego. Creía que encontraríamos muchos lugares que nos proporcionarían un contexto apropiado en el cual podríamos observar y hablar sobre los hábitos y el comportamiento social de este formidable insecto.

Con las cámaras listas para rodar, al principio no encontramos nada que filmar. El equipo y yo buscamos sin éxito desde un extremo de la isla al otro, en hábitats naturales, en los jardines de los residentes y en edificios comerciales. Al final, pudimos localizar dos nidos en el interior del santuario de aves, uno de los cuales utilizamos en mi demostración de la defensa urticante de las hormigas de fuego. ¿Cómo puede desaparecer de

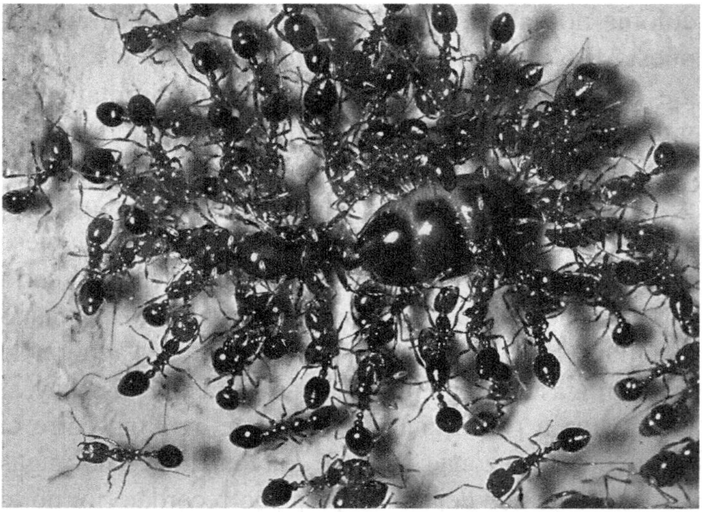

Una hormiga de fuego reina importada rodeada por sus hijas obreras, que pueden llegar a ser cientos de miles. Las obreras son atraídas por sus poderosas feromonas. (Fotografía de Walter R. Tschinkel.)

la noche al día una población entera? Era como si una mano gigante hubiera barrido todas las colonias. Y eso es prácticamente lo que ocurrió.

Sabía cuál era la explicación. Cuando el agua sube de nivel y rodea un nido de hormigas de fuego, o entra en las cámaras más bajas del nido, toda la colonia se une. Las obreras se unen formando una masa única cerca de la entrada. La reina camina o es empujada y arrastrada hacia la masa. Las jóvenes indefensas, los huevos, las larvas y las pupas son transportadas y depositadas junto a ella. Cuando el nivel del agua sigue aumentando hasta llegar al nivel de la superficie, la colonia apiñada se convierte en una balsa, preparadas para flotar corriente abajo. La balsa viviente empieza de esa manera un viaje hacia una tierra situada a más altura, en busca de un lugar en el que las obreras puedan construir un nuevo nido abovedado.

Este comportamiento está basado en un instinto primitivo. Cuando la balsa se topa con algún objeto inmóvil que está por encima del nivel de la inundación y se detiene, ya sea la rama de un árbol, un tronco enganchado o (mejor para sus posibilidades de supervivencia) una pendiente de tierra seca, las exploradoras salen corriendo a investigar. Si la nueva tierra es prometedora, se les unirán más exploradoras. Cuando las señales siguen siendo positivas, el número de obreras que desembarcan aumenta, trasladan a la reina y a los jóvenes sobre sus cuerpos, y las refugiadas construyen un nido completamente nuevo.

Una vez viajé hasta Birmingham en un tren que cruzó el río Coosa en plena crecida. Dado que el agua casi llegaba hasta las vías, el tren se movía lentamente, y en un momento dado se paró, lo que me permitió observar durante un buen rato en todas direcciones. La llanura inundada estaba salpicada por todas partes con cientos de balsas de hormigas de fuego, todas ellas flotando lentamente hacia y alrededor del tren, para luego alejarse río abajo. Se trataba de un inmenso ejército de refugiadas en busca de un nuevo hogar.

Para completar la historia, ¿qué sucedió con la mayoría de las hormigas de fuego de Dauphin Island? ¿Adónde fueron todas esas colonias? El día anterior a nuestra llegada, cayeron sobre la isla 254 milímetros de lluvia. Una lluvia torrencial de esta magnitud no es inusual en esta parte de América. Mobile, Alabama y la cercana Panamá City, en Florida, compiten con Highlands, en Carolina del Norte, por ser las localidades en las que más llueve de toda Norteamérica. Cuando llegamos, el sol brillaba, pero todavía había entre 25 y 50 milímetros de agua cubriendo la mayor parte de la tierra. El excedente había empezado a filtrarse en el suelo. Muy al principio, en el momento álgido de la tormenta, una gran parte del agua se había escurrido hacia el norte, hacia la bahía de Mobile, cuyas aguas salobres desembocan más al este en el golfo de México. Y eso es lo que creo que ocurrió con las hormigas de fuego de Dauphin Island, que emigraron en sus balsas construidas a base de unir sus propios cuerpos. Utilizando una famosa frase de la gran película de gánsteres *El padrino*, creo que duermen con los peces.

6

Cómo contribuyeron las hormigas de fuego al nacimiento del ecologismo

Durante el verano de 1942, en el solar vacío contiguo a nuestra centenaria casa familiar en la calle Charleston en Mobile, Alabama, vivían cuatro especies de hormigas. Cuatro exactamente. Sabía que era así con certeza porque examiné cada metro cúbico del suelo, los hierbajos y la basura de ese mugriento espacio abandonado. Trabajaba con una red de rastreo y, reptando sobre mis manos y rodillas, revisé cada pedazo de ese solar, además del dormitorio en el que dormía y la cocina en la que comía. Incluso ahora recuerdo vívidamente la localización de cada una de las colonias de hormigas que vivían en el solar vacío. También aprendí algo sobre el tamaño y el comportamiento de las colonias. Hoy puedo decir cuáles son sus nombres científicos.

En 1942 era un ambicioso *boy scout* de trece años que me preparaba por mi cuenta, imaginando que algún día dirigiría expediciones de adultos a junglas lejanas. En el solar vacío redacté lo que hoy se conoce como Inventario de Biodiversidad de Todos los Taxo-

Ed Wilson, con trece años, en el verano de 1942, con una red de rastreo en el solar vacío contiguo a la vieja mansión Wilson en Mobile, Alabama, cerca de un nido de hormigas de fuego importadas, las primeras encontradas en Estados Unidos.

nes (ATBI, por sus siglas en ingles). El procedimiento, la mayoría de las veces bastante sencillo, consiste en identificar todas las especies de un grupo seleccionado de organismos en un espacio y tiempo determinados.

Ese verano cálido y húmedo de Mobile, la fauna de mi grupo elegido fueron las hormigas. Las que encontré en el solar vacío demostraron ser providenciales, mucho más de lo que podría haber imaginado en esa época.

Ahora sé que la primera especie que encontré en el solar vacío era una colonia de *Odontomachus brunneus*, una hormiga grande y negra con largas mandíbulas que se cierran rápidamente y cuya picadura es muy dolorosa. Encontré una colonia que anidaba en una mezcla de suelo y tejas desechadas apiladas bajo una higuera. Había una colonia de la pequeña hormiga amarilla *Pheidole floridana* debajo de una botella vacía de whisky. Vivió allí durante al menos un año, y pude observarla levantando cuidadosamente la botella. Y luego encontré la número tres: en una parte deteriorada de la valla que limitaba la parte delantera de nuestro jardín vivía una plaga que era muy familiar en todo el sur, la «hormiga argentina», *Linepithema humile*. Cuando hacía calor, salían del solar largas columnas de hormigas de esta especie.

Y luego llegó, y no es ninguna exageración, el hallazgo de mi vida, o al menos de mi infancia. Encontré un nido de tierra excavada que formaba un montículo de unos 30 centímetros de altura, habitado por hormigas de una clase que nunca había visto en ninguna parte. Resultó ser de la hormiga de fuego importada *Solenopsis invicta*, la primera vez que alguien la había encontrado en el hemisferio norte. Para la historia ameri-

Linepithema humile

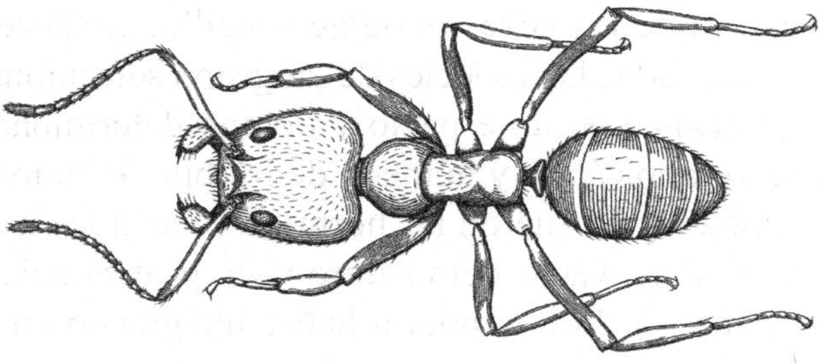

Odontomachus brunneus

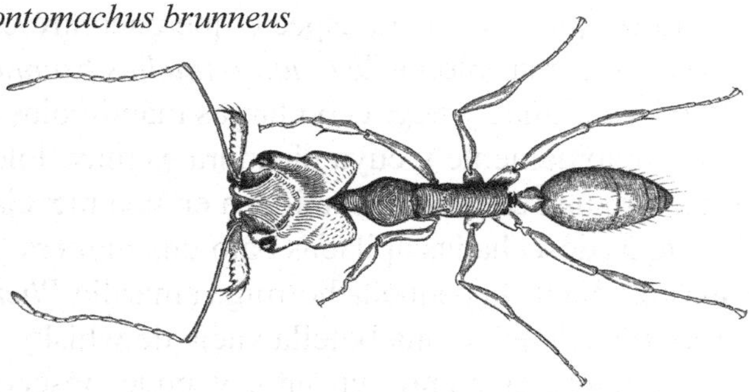

Solenopsis invicta

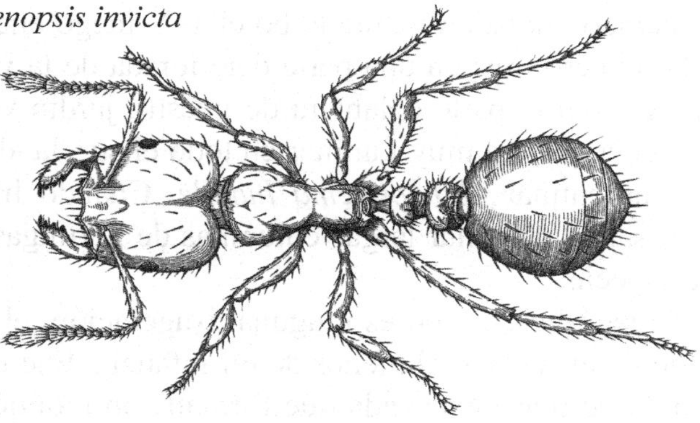

En 1942, en el solar vacío contiguo a la casa del autor en Mobile, Alabama, donde tan solo crecían hierbajos, vivían cuatro especies de hormigas. Una que no aparece en los dibujos era *Pheidole floridana*, una colonia que vivía debajo de una botella desechada de whisky. (Ilustraciones de Kristen Orr.)

cana en su conjunto, parecía cosa del destino. El nombre de la especie, *invicta*, asignado posteriormente por los taxonomistas, significa «no vencida». Era apropiado para uno de los organismos invasivos más exitosos de todos los tiempos. Y la palabra «invasiva» también es apropiado. Según el Departamento de Agricultura e Interior de Estados Unidos, significa no solo «exótica», «introducida», «no nativa» o «extranjera», sino que también significa que es dañina de algún modo para el ambiente, o para los humanos o para ambos.

Nuestra casa, construida por mi bisabuelo, uno de los primeros comerciantes de muebles, era un excelente lugar en el que observar a la nueva especie invasora. Estaba a cinco manzanas de los muelles comerciales de Mobile. Una gran parte del cargamento llegaba desde Argentina y Uruguay, dos de los hogares originales de la hormiga de fuego importada. Mi padre, siendo un marinero adolescente, había hecho el viaje de ida y vuelta entre Mobile y Montevideo.

Sin embargo, mi colonia de hormigas de fuego del solar vacío no pudo ser la primera en llegar. Si hubiera buscado lejos del solar de la calle Charleston durante el verano de 1942, casi seguro que habría descubierto otras colonias en la zona del muelle, y, posiblemente, en otras partes de Mobile. Actualmente, muchos expertos están de acuerdo en que la introducción de la hormiga de fuego importada se produjo durante la década de 1930. Pero no antes: las colonias establecidas crecen en tamaño rápidamente, empiezan a producir y dispersar nuevas reinas y, por lo tanto, nuevas colonias, en uno o dos años.

Durante el resto de la década de 1940, los entomólogos, sabedores ya de la existencia de la especie, vieron cómo sus poblaciones crecían explosivamente. Llenaron Mobile y luego la tierra que rodeaba la ciudad.

Muy pronto, lo que empezó en Mobile se convirtió en un problema nacional, y luego internacional. La hormiga de fuego importada se propagó a las Carolinas, luego a Texas y California. Desembarcó en Hawái e hizo lo mismo en Australia, Nueva Zelanda y China. También se propagó hacia el sur hasta varias islas de las Antillas Menores (como si se dirigiesen de vuelta a casa, de isla en isla). En Alabama llenaron jardines, bordes de carreteras y tierras de cultivo, llegando a haber hasta 125 montículos por hectárea, cada uno de ellos habitado por unas doscientas mil obreras, casi todas ellas dispuestas a atacar a los intrusos. En las granjas de los condados circundantes, las hormigas consumieron plántulas de rábano, alfalfa y otros cultivos comerciales. Lograron que los pastos dedicados al ganado fueran muy difíciles de atender. Se las arreglaron para entrar en las casas rurales, picando a quien se interpusiera en su camino.

Pronto se descubrió que, en unos pocos hábitats naturales, entre ellos especialmente los pinares abiertos, las hormigas de fuego importadas estaban atacando a pequeños mamíferos y a pájaros que anidaban en el suelo.

Más adelante, siendo ya un estudiante de último curso de diecinueve años de la Universidad de Alabama, y habiéndome hecho famoso localmente como experto en hormigas, el Departamento de Conservación de Alabama me pidió que estudiara la rápida expansión de las poblaciones, cartografiara su propagación y evaluara el daño que estaban causando.

Gracias a que pude contar con la ayuda de James H. Eads, un compañero que tenía coche, y que los montículos de unos 30 centímetros de altura estaban por todas partes, pudimos realizar el sondeo en poco tiempo.

Pagamos el precio de incontables picaduras y pústulas, pero pudimos evaluar el daño provocado por las invasoras. También recogimos mucha información nueva sobre el ciclo de vida de las hormigas de fuego. Fue muy importante descubrir que una única reina recién inseminada puede volar hasta ocho kilómetros, construir un pequeño nido y criar a su descendencia de obreras lo suficientemente rápido como para crear nuevas reinas en dos años.

En resumen, descubrimos que la hormiga de fuego importada iba a ser muy difícil de derrotar con los medios convencionales, y, en particular, mediante el uso de insecticidas. Sin embargo, y a pesar de nuestras reservas, el Departamento de Agricultura de Estados Unidos y la industria química decidieron recurrir precisamente a eso: fumigar todos los lugares en los que se había establecido la hormiga de fuego con pesticidas para así eliminarla de golpe.

Al principio pareció que el plan estaba justificado. En Estados Unidos, la década de 1950 fue un periodo marcado por el triunfalismo. Salvamos al mundo de la amenaza del fascismo. Ralentizamos, si no detuvimos, el avance del comunismo. Nuestra ciencia y nuestra tecnología estaban logrando avances asombrosos. Los estadounidenses estábamos preparados para pensar a lo grande. Podíamos hacer cualquier cosa. Una vez que pasamos del armamento atómico a la bomba de hidrógeno, era lógico pensar en los posibles usos pacíficos de las detonaciones nucleares. En 1957, la Comisión de Energía Atómica se preparó para dar un paso gigantesco literal, no solo retórico: utilizar las explosiones nucleares como palas gigantes. Podíamos liberar depósitos de gas, inaccesibles hasta el momento. Podríamos, si quisiéramos, crear un nuevo puerto en Alaska. Y, lo mejor de todo, podríamos cavar un nuevo canal paralelo al superpoblado canal de Panamá, gracias a una cadena de explosiones nucleares que unirían las aguas del Pacífico con las del Caribe. Todo esto tendría efectos muy profundos en el ambiente, y ninguno de ellos bueno.

Todas estas megapropuestas pronto se toparon con predicciones de desastres geológicos, y se esfumaron. Pero no ocurrió lo mismo con el espíritu que había tras ellas, y volvió a resurgir con los triunfos de Estados Unidos en el espacio, la medicina y la ciencia básica. El mismo espíritu también hizo que pareciese natural que un insecto tan invasivo como la hormiga de fuego importada pudiera ser detenido, si no erradicado, mediante el uso de la fuerza estadounidense.

En 1958, el Departamento de Agricultura de Estados Unidos planeó realizar una fumigación de la mayor parte de las zonas infectadas del sur del país con los pesticidas heptacloro y dieldrina. Se reduciría enormemente la población de hormigas de fuego, pero ni mucho menos se eliminaría por completo. Al mismo tiempo, la cantidad de vida salvaje, incluidos mamíferos, aves y, sin duda, un buen número de insectos e invertebrados también verían reducidas sus poblaciones. Finalmente, la gente que viviera en las zonas tratadas también estaría en riesgo: el heptacloro puede provocar daños hepáticos y la dieldrina es una neurotoxina.

Toda la campaña del control masivo presentaba además graves defectos debido a otra dificultad irresoluble: si, a pesar de empapar el terreno con pesticidas, se salvara una única colonia de hormigas de fuego, esta haría a continuación lo que hacen todas las colonias con brillantez: producir cientos de reinas aladas, cada una de ellas capaz de volar hasta ocho o más kilómetros para establecer una nueva colonia. Este peculiar hecho biológico fue la razón por la que más adelante llamé a esta fumigación masiva «El Vietnam de la entomología».

Fue entonces cuando Rachel Carson entró en escena. Estaba horrorizada por lo que Estrados Unidos se estaba haciendo a sí mismo. Dado que en esa época yo era conocido como experto en hormigas de fuego, Carson me escribió para decirme que vendría a Harvard desde su casa de veraneo en Maine para discutir conmigo el problema. Luego lo canceló, alegando que había enfermado. Le recomendé un trabajo técnico publicado hacía poco sobre los efectos de una aplicación amplia de pesticidas. Creo que ayudó, pero siempre he lamentado no haber dejado aparcado todo lo que hacía en ese momento y conducir hasta Maine para conocer a esa gran estadounidense en persona.

Sin embargo, Rachel Carson no necesitaba ninguna ayuda. En 1963 publicó *La primavera silenciosa*, un libro que revolucionó nuestra forma de pensar sobre los pesticidas, y, más que cualquier otra contribución o suceso, marcó el inicio de la nueva era del ecologismo. Vale la pena destacar que una especie de hormiga, vista por primera vez (por lo que yo sé) en el límite de un solar vacío en una ciudad portuaria del sur, jugó un importante papel en su aparición.

La historia de la hormiga de fuego importada me lleva a retroceder quinientos años, cuando otra hormiga de fuego, *Solenopsis geminata*, cambió la historia durante la colonización del Nuevo Mundo. O esa fue mi conclusión, tras investigar profundamente tanto la historia como la entomología pertinentes. De este análisis podemos deducir una regla que afecta a la historia medioambiental: todas las catástrofes provocadas por el hombre se repiten. La historia es la siguiente.

7

Las hormigas que derrotaron a los conquistadores

Durante medio milenio, nadie pudo resolver un misterio entomológico que tenía que ver con la historia temprana del Nuevo Mundo. Durante los años 1518 y 1519, los incipientes asentamientos españoles en la isla de La Española sufrieron una plaga de hormigas urticantes. Según el relato del historiador colonial Bartolomé de las Casas, las hormigas destruyeron o hicieron inaccesible una parte sustancial de los primeros cultivos e infectaron las primeras viviendas.*

Los colonos se encontraron indefensos frente a la rápida expansión de los enjambres, que también se propagaron a los asentamientos de Cuba y Jamaica. Desesperados, pidieron ayuda a su santo patrón celebrando una procesión religiosa a lo largo de la pequeña aldea de Santo Domingo. Finalmente, trasladaron el asentamiento al otro lado del río Santo Domingo.

* Este relato es una adaptación de mi artículo «Early ant plagues in the New World», publicado en *Nature* n.º 433 (7021):32 (2005).

Pero todo fue en vano, y los colonos consideraron abandonar la isla.

Por suerte para la ciencia moderna, Bartolomé de las Casas dejó constancia por escrito de algunos de los rasgos fundamentales de la plaga de La Española. Las hormigas, dijo, eran muy agresivas y sus picaduras eran muy dolorosas. Vivian en poblaciones muy densas alrededor de los sistemas radiculares de matorrales y árboles, aunque no atacaban la vegetación como sí hacen las ubicuas hormigas cortadoras de hojas. Sin embargo, de alguna manera, sí que dañaban las raíces. Y, finalmente, se convertían en una auténtica plaga doméstica.

Con el paso del tiempo, durante un periodo del que disponemos pocos documentos, la plaga remitió. Casi cuatrocientos años después, en 2004, mientras estaba al cargo de la colección de hormigas de la Universidad de Harvard, la más extensa y completa del mundo, decidí intentar identificar la hormiga causante de esa plaga y averiguar, si podía, por qué se expandió tan velozmente para luego desaparecer. Como si fuera un veterano de una guerra perdida, el invasor dominicano puede que siguiera vivo, pasando inadvertido entre sus compañeras más pacíficas.

Ya había estudiado las hormigas de las Antillas, recolectando especímenes en Cuba, República Dominicana, Puerto Rico y las Antillas Menores, desde Tobago a Granada y Barbados. Sabía cuáles de esas especies podían convertirse en una plaga y cuáles no.

En las Antillas existen unas 310 especies de hormigas conocidas. Decidí no sacar conclusiones precipitadas sobre cuál podría ser la especie responsable y trabajar como un detective, eliminando a las «potenciales culpables» hasta tener una sospechosa sólida. Luego la sometería a un jurado compuesto por mis compañeros mirmecólogos.

Para resumir una larga historia, y no hablar de la gran cantidad de datos de estudios de campo que tuve que analizar, la única especie presente que tenía todas las cualidades listadas por Bartolomé de las Casas era la hormiga de fuego tropical, *Solenopsis geminata*. Esta inferencia se ve reforzada por el parecido cercano de la plaga con la que desencadenó la hormiga de fuego importada *Solenopsis invicta* en la zona del Golfo de Estados Unidos durante la década de 1940.

Esta segunda especie de hormiga de fuego, *Solenopsis geminata*, la que castigó a los colonos españoles, se distingue por poseer una casta de soldados con cabezas todavía más protuberantes que las soldados habituales, además de las poderosas mandíbulas utilizadas para pulverizar las semillas. Su ámbito nativo es, evidentemente, la llanura costera que se extiende desde Carolina del Norte, pasando por los estados del Golfo, hasta México. Es una colonizadora soberbia, capaz de viajar con el comercio humano y asentarse en África, Asia (desde Taiwán hasta la India), Polinesia y Australia. Estudios moleculares recientes han revelado que durante el siglo XVI viajó a bordo de los galeones españoles desde Acapulco hasta Manila y desde allí a China.

Solenopsis geminata posee al menos tres rasgos que hacen de ella una especie «errante» superlativa. Vive a base de una dieta amplia que combina presas, animales muertos y semillas. Prospera en playas, proporcionando a sus colonias una rápida entrada. Y viaja bien en ese tipo de suelo y rocas que en su momento utilizaban como lastre los galeones españoles.

La cronología proporcionada por Bartolomé de las Casas encaja a la perfección, al menos para un científico que hace de fiscal. La plaga de hormigas de La Española se produjo dos o tres décadas después de la llegada de los primeros galeones españoles, el tiempo justo para que las hormigas de fuego desembarcaran y se multiplicaran hasta convertirse en una invasión, para luego reducir su número a unos niveles más normales y parecidos a los que poseen en la actualidad como miembros (casi) normales de la fauna mirmecológica.

8

Las hormigas más feroces del mundo

Entre los miles de especies de hormigas que he visto durante mi vida dedicada a la investigación alrededor del mundo, he encontrado una gran cantidad de personalidades diversas. La menos apreciada y la más asustadiza, la única que no posee el espíritu guerrero que asociamos con las hormigas, es una especie pequeña y delgada, identificada más tarde como *Dolichoderus imitator*, que me encontré en la pluviselva amazónica al norte de Manaos. Sus colonias están compuestas por unos pocos cientos de obreras y, seguramente, la reina madre más rara jamás vista. Habitan en cavidades de la hojarasca en descomposición. Cuando las molesté, aunque fue solo ligeramente, se dispersaron en todas direcciones, recogiendo mientras huían a cualquier compañera de nido inmadura con la que se topaban, larva o pupa. Al igual que la gente que huye de un tornado, escogen como refugio cualquier lugar cubierto que encuentran, y allí se esconden. Me costó encontrar especímenes para un posterior examen taxonómico. ¿Había destruido las colonias? Casi seguro que no. Cuando me alejé decepcionado, para ellas un monstruo de un millón de veces del tamaño de una hormiga, la colonia debió de reagruparse de nuevo.

Las colonias de hormigas son enormemente resilientes. Ser asustadiza resulta útil en la pluviselva, si puedes correr rápido.

Pasemos al extremo opuesto del espectro de la agresividad. ¿Cuáles son las hormigas más feroces del mundo? ¿Y por qué, en primer lugar, existe un espectro entre las especies, estando en un extremo las más pacíficas y en el otro las más belicosas? Describiré a continuación media docena de las principales candidatas a ser consideradas extremadamente belicosas, porque juntas ilustran un principio básico de la evolución de las hormigas y otros animales sociales, incluidos los humanos.

La primera candidata se encuentra entre las noventa y cuatro especies de hormigas toro de Australia que componen el género *Myrmecia*. Las más grandes tienen un tamaño parecido al de un avispón, unas inclinaciones similares y unos aguijones impactantes, también de un tamaño parecido al de los avispones. Construyen sus nidos en cráteres visibles en el suelo, al aire libre, con una única entrada rodeada de un anillo de tierra excavada. Poseen grandes ojos y toleran muy poco a los animales del tamaño de los humanos. Las centinelas, situadas en la superficie del nido, se giran y te observan a medida que te aproximas. Si te acercas demasiado, empiezan a caminar hacia ti, y sería un gran error quedarse. A medida que te retiras, te seguirán hasta una distancia de unos diez metros.

Solo los audaces y valientes se atreverían a acercarse a un nido de hormigas toro y empezar a excavar en

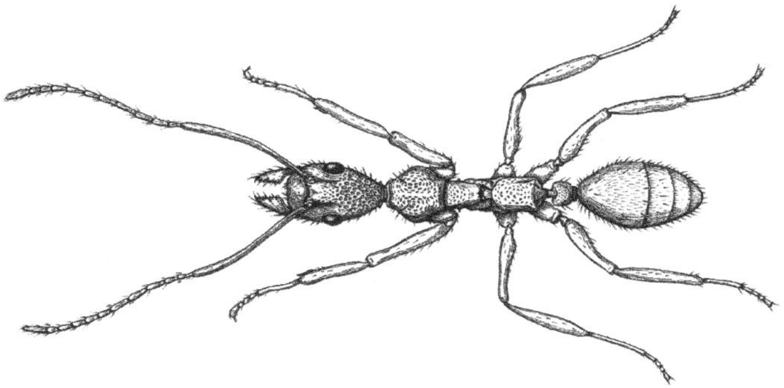

Posiblemente esta sea la hormiga menos ofensiva del mundo, *Dolichoderus imitator* de la pluviselva amazónica. (Ilustraciones de Kristen Orr.)

él. En circunstancias normales, sería como ir desmontando un avispero capa a capa.

Sin embargo, en una expedición que realicé al sudoeste de Australia en 1955, aprendí a hacerlo, recibiendo tan solo una o dos picaduras. Me enseñó Caryl Haskins, un compañero entusiasta de las hormigas (y, a la edad de cuarenta y tres años, el presidente recién nombrado del Instituto Carnegie en Washington D. C.). Haskins sabía cómo atrapar colonias enteras para estudiarlas en el laboratorio. Primero, tal como me enseñó, te acercas al nido de las hormigas toro mientras vas recogiendo cada hormiga que te encuentres con el pulgar y el índice y las vas metiendo en un tarro grande (muy rápidamente, en unos tres segundos, antes de que pueda dirigir hacia ti la punta de su abdomen y picarte). Cuando has eliminado a todas las centinelas, empiezas a excavar en el nido unos dos centímetros y medio cada vez, capturando cada hormiga que salga para atacarte. En el fondo del nido, acurrucada y silenciosa en la cámara más baja del nido, encontrarás a la reina madre.

Por muy impresionantes que sean las hormigas toro, en parte debido a su gran tamaño, son todavía más formidables unas hormigas que viven en estrecha simbiosis con algunas especies de arbustos y árboles. Cuando la simbiosis es obligada, lo que quiere decir que ninguna especie puede sobrevivir sin la otra, las hormigas reaccionan de una forma rápida y suicida ante cualquier perturbación. Por ejemplo, si rozas un pequeño árbol de la pluviselva del género *Triplaris*, te atacaran rápida y violentamente produciéndote una sensación parecida a cuando rozas una ortiga. La hormiga guardiana es *Pseudomyrmex triplar*. Aunque he sufrido en mis carnes la ira de estas guerreras, creo que es más efectivo citar las palabras del colombiano José Celestino Mutis, el primer científico naturalista del Nuevo Mundo, en una experiencia que tuvo alrededor del año 1770. Tenía que ver con un pequeño árbol de Colombia conocido como *palo alto*.

> En un caluroso día en Vega del Guadual, cuando el sol era insoportable, hice una pausa bajo un árbol piramidal de copa gruesa. En poco tiempo, me encontré cubierto con algunas hormigas rojas, que me picaban con tanta fiereza que, con dificultad, me quité primero los zapatos para desvestirme, luego mi camisa, y golpeé con ella todo mi cuerpo [para quitarme de encima las hormigas]. Sin embargo, había tantas que no tuve otra opción que meterme en el río y secar luego mi ropa una vez que me deshice de todas ellas. Al regresar a la casa, sentía que me ardía todo el cuerpo, y conté mi historia. El esclavo que allí estaba me contó que se trataba de hormigas de

> *palo santo*. Acompañado por este mulato regresé al mismo lugar, donde había muchos árboles de la misma especie y, en los campos cercanos, muchos árboles de tamaño mediano, de la misma especie, entre la mitad y tres cuartos de una vara [medida antigua española de longitud: 1 vara = 0,84 metros] de alto, y de una vara de ancho, sin ninguna hoja, como si fueran de mimbre. Cuando tocas los troncos con tus manos, salen un gran número de hormigas desde unos agujeros diminutos imperceptibles, luego pululan por todo el tallo con la misma velocidad que muestran al picar.

Esa misma relación ha evolucionado no una vez, sino varias, en las pluviselvas de África Occidental y África Central. Las hormigas pertenecen al género *Tetraponera*, y sus plantas hospedadoras suelen ser árboles pequeños. Sus aguijones son excepcionalmente fuertes, parecidos a los de las avispas parásitas llamadas hormigas aterciopeladas. El dolor dura horas y el lugar de la picadura se convierte a menudo en una pústula infectada. «Nada más notar que cualquier parte de su planta hospedadora se ve perturbada —explica el biólogo Joseph Bequaert en 1922—, salen en tropel y exploran el tronco, las ramas y las hojas. Algunas de las obreras también suelen bajar al suelo que rodea al árbol y atacar a cualquier intruso, ya sea un animal o un hombre.»

El principio general de la evolución que explica la estrategia militar de las colonias de hormigas es el siguiente: «Cuanto más defendible sea el nido y más valiosos los recursos que contiene, más poderosa será la defensa y más grande la fiereza con la que se aplicará». En resumen, las hormigas son así de agresivas para poder proteger sus hogares. Ni más, ni menos. Entonces, en nuestra búsqueda de cuáles son las especies más feroces, ¿qué pasa con las hormigas de fuego? ¿No deberían estar en el primer lugar de la lista de especies más fieras? Sí, pero no están al nivel de las que habitan en las plantas y salen de sus nidos solo para atacar a aquel que pasa por ahí. En el caso de las hormigas de fuego, las hordas de obreras urticantes salen en masa solo cuando su nido es invadido, como cuando un humano golpea con el pie un montículo abierto con un buen calzado (como hago casi de forma refleja fruto de la curiosidad cuando paso junto a uno).

Las hormigas legionarias tampoco son las más feroces. Tras sus columnas y abanicos en movimiento van toda clase de criaturas, pero son depredadoras selectivas en busca de presas, no guardas del nido. Se pueden comparar a las bandadas de estorninos rascando y picoteando en un prado inglés en busca de insectos.

Ni, finalmente, tampoco lo son las poderosas colonias de hormigas cortadoras de hojas, compuestas por varios millones de miembros, cuyos soldados («obreras mayores») atacan a cualquier enemigo que invada sus nidos. Sus miembros más impresionantes son las supersoldados (también llamadas supermayores). Están equipadas con voluminosos músculos mandibulares que ocupan sus grandes cabezas y con dientes esclerotizados como cuchillos, que pueden cortar cualquier material blando.

He estudiado a las cortadoras de hojas tanto sobre el terreno como en el laboratorio. En la Universidad de Harvard mantuve colonias sanas de hormigas cortadoras de hojas en filas de cajas de plástico, lo que nos permitió a Kathleen Horton, como organizadora del laboratorio, y a mí, mantener una población durante más tiempo que el que suelen durar los nidos que encontramos en la naturaleza. El nuestro era un trabajo comparable al de los que cuidan bonsáis japoneses. Las pequeñas colonias prosperaron.

Para mí, después de haber sufrido mordiscos, picaduras y rociadas de ácido fórmico de diversas especies, las más agresivas del mundo son las hormigas que cultivan jardines de epífitas, *Camponotus femoratus*, primas lejanas de las grandes hormigas carpinteras negras *Camponotus pennsylvanicus*, que suelen vivir en el bosque y aparecen como plagas domésticas en Norteamérica. Las colonias de *Camponotus femoratus* abundan en el dosel de las pluviselvas amazónicas. Utilizan los suelos y una mezcla de detritos vegetales recolectados en el suelo y en las ramas colindantes para construir «jardines de hormigas» esféricos alrededor de las epífitas (especies de plantas que se han adaptado para crecer en los troncos y doseles de los árboles de la pluviselva). Los nidos tienen una forma globular, una estructura esponjosa y se mantienen compactos gracias a las plantas epífitas que sobresalen por todos sus lados. En los jardines, alimentándose de la savia de las epífitas está el «ganado», cochinillas que proporcionan a sus hormigas hospedadoras excrementos ricos en azúcares y aminoácidos, y, a veces, sus propios cuerpos cuando las hospedadoras sufren una escasez de proteínas.

Hemos podido observar hormigas portando semillas hacia y alrededor de los jardines, lo que hizo que, al principio, creyéramos que las hormigas las plantaban como parte de la simbiosis. Pero existen otras explicaciones alternativas plausibles. Las semillas podían ser recolectadas como alimentos y luego extraviarse. O podían caer allí durante la construcción del nido.

Fuera cual fuese la procedencia de los jardines amazónicos de hormigas, tanto ellas como sus habitantes ricos en proteínas son objetivos tentadores para una amplia variedad de enemigos vertebrados e invertebrados. Las colonias de *Camponotus femoratus* tienen una reputación entre los entomólogos por su aterrador grado de ferocidad, pero dada la localización de sus jardines (la mayoría de ellos en el dosel de las selvas tropicales), no es muy práctico observarlas en su hábitat natural.

Por fin encontré y pude estudiar un jardín que hasta ese momento nadie había perturbado y que, por alguna razón, estaba en la rama de un árbol a solo dos o tres metros del suelo. Cuando me giré y caminé a favor del viento hacia la colonia, un enjambre de obreras salió

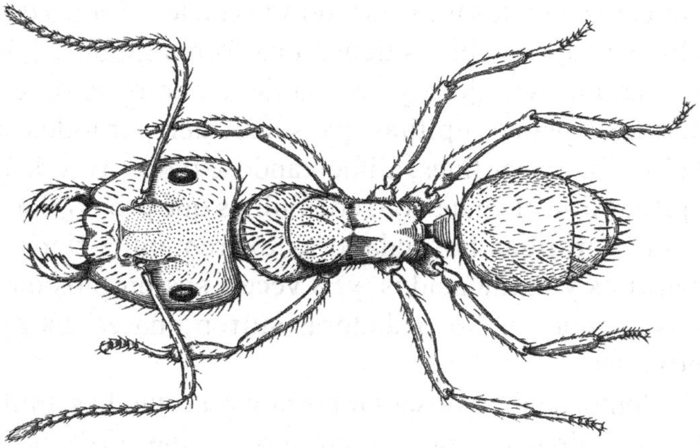

Una obrera mayor («soldado») de la feroz hormiga amazónica arborícola *Camponotus femoratus*. (Ilustraciones de Kristen Orr.)

del nido casi instantáneamente. A medida que me acercaba, pero todavía sin haber tocado el nido, las defensoras enloquecieron. Se subieron una encima de otra, apuntándome con sus abdómenes y me rociaron con una nube de ácido fórmico. No estoy seguro de si su extraordinaria furia fue provocada porque me vieron o porque me olieron, pero desde ese momento les di mi voto como la «hormiga más feroz de todas».

9

El matriarcado benevolente

Cuando me puse a escribir este capítulo (literalmente, ya que no tecleo) en un día del verano de 2018, en todo el mundo ya habían sido reconocidas y bautizadas con un nombre en latín 15.438 especies de hormigas. Después de haber descrito aproximadamente 450 de esas especies para la ciencia, creo que me puedo aventurar a decir que deben de existir unas 25.000, entre las que ya están descubiertas y las que todavía nos son desconocidas. Los taxonomistas de hormigas Stefan Cover y Steven Shattuck, que trabajan en la colección más grande del mundo, propiedad de la Universidad de Harvard, creen que esa cifra debe estar entre las 25.000 y las 30.000.

La primera persona que estudió las hormigas ya en la era científica moderna fue Carl von Linné. Describió la primera especie de hormiga y le dio un nombre de dos palabras en latín, citado hoy en día formalmente como *Camponotus herculeanus* Linnaeus 1761, e informalmente como hormiga carpintera. Es relativamente grande para ser una hormiga y vive en las zonas templadas septentrionales de todo el mundo.

En 1946, cuando empecé a estudiar en la Universidad de Alabama, unas dos docenas de especialistas de todo el mundo estaban publicando artículos técnicos sobre hormigas. Ahora son cientos los que añaden nuevas especies a la lista y detalles cada vez más concretos de su biología social. Los científicos han ido descubriendo como, a lo largo de 150 millones de años de evolución, las hormigas han desarrollado prácticamente todas las adaptaciones concebibles, gracias a las cuales se han propagado por casi todo el mundo y han influido, una y otra vez, en todos los hábitats que las contienen.

Utilizando estrategias de organización social que a veces van más allá de lo que podríamos imaginar, hay hormigas que caminan bajo el agua para recoger los cuerpos de insectos ahogados; formas arbóreas que planean gracias a las protuberancias de su cuerpo, como ardillas voladoras que van de rama a rama en el dosel del bosque; cazadoras con mandíbulas que se cierran de golpe con el movimiento más rápido registrado en un animal; buscadoras de alimento en la pluviselva que encuentran su camino a casa memorizando los patrones del dosel que se halla sobre ellas; colonias que esclavizan a las hormigas que han capturado en otras colonias; soldados suicidas que hacen explotar sus propios cuerpos mediante violentas contracciones abdominales; reinas sociales parásitas que deponen a las reinas madres de las colonias damnificadas; reinas hiperparásitas que esclavizan o matan a las reinas parásitas; reinas parásitas diminutas que cabalgan a lomos de las reinas hospedadoras; colonias que se unen para formar supercolonias que se extienden decenas de kilómetros; especies jardineras que viven del crecimiento de hongos sobre hojas masticadas... y muchas más.

A pesar de esta diversidad de especialidades que puede recordar a la de cualquier sociedad humana, la mayoría de las especies de hormigas pasan por un ciclo de vida muy común. Empieza cuando una futura reina madre, una virgen, abandona la colonia en la que nació e inicia su vuelo nupcial. Puede que se aparee en pleno vuelo, en el suelo o en algún lugar prominente como una hoja o en la punta de una ramita, donde libera un atrayente sexual que se dispersa en una nube que se desplaza con el viento. Los machos siguen ese rastro aéreo contra el viento para encontrar a la reina. Después de encontrarla y aparearse, la reina busca un lugar en el que empezar su propia colonia. El macho, por otro lado, tras haber cumplido con el único cometido que tiene en su vida, muere. En pocas horas se convierte en la presa de un pájaro, una araña o de algún otro depredador. O puede, si está en una ciudad, que se convierta en un cadáver disecado amontonado junto a otros bajo una farola callejera.

La reina, guiada por su instinto, sigue adelante hacia su destino. Dependiendo de la especie, busca una rama hueca, o un espacio debajo de un tronco podrido, o una pequeña franja de suelo libre de hormigas enemigas errantes en la que excavará una pequeña madriguera con una entrada cerrada.

Tiene pocas probabilidades de éxito. En las hormigas cortadoras de hojas, en las hormigas de fuego territoriales y en muchas otras clases, el terreno situado cerca de una colonia grande suele estar patrullado por exploradoras y recolectoras. Cuando este es el caso, menos de un uno por mil de las futuribles reinas madres viven lo suficiente para dar lugar a su primera nidada.

En el caso de la hormiga de fuego importada, la desesperanza de las pioneras se ve ligeramente atenuada gracias al hábito de las reinas recién inseminadas de reunirse en grupos. Hasta una docena pueden colaborar en la excavación y defensa del incipiente nido. Esta estratagema, incluso cuando es exitosa, todavía supone un terrible riesgo para cada una de las madres cooperadoras. Poco después de que la primera nidada de obreras emerja como adultas de seis patas, ejecutan a las reinas una a una, picándolas hasta la muerte hasta que solo quede una afortunada reina.

Las obreras no perdonan a sus madres durante esa selección. En lugar de eso, eligen a la más fecunda de todas las reinas, cosa que logran comparando sus diferentes niveles de fertilidad gracias a las feromonas que emite cada una de ellas. Luego, todas juntas, matan a sus propias madres o permiten que las maten si no han superado la prueba.

En la mayoría de las clases de hormigas, la fundación de una colonia por una reina se parece a cuando se realiza un esprint en una carrera de atletismo. Para poder ganar, tienes que estar en el lugar correcto en el momento justo (encontrar una pareja y posteriormente un lugar libre de depredadores para empezar una colonia), luego ser muy rápida en la salida (criar rápidamente y con seguridad al primer conjunto de obreras) y, por último, alcanzar la línea de meta (crear el mayor número de obreras en el menor tiempo posible).

El mundo de las hormigas es casi exclusivamente un mundo femenino. Los machos adultos, con la excepción del momento durante el cual compiten por las

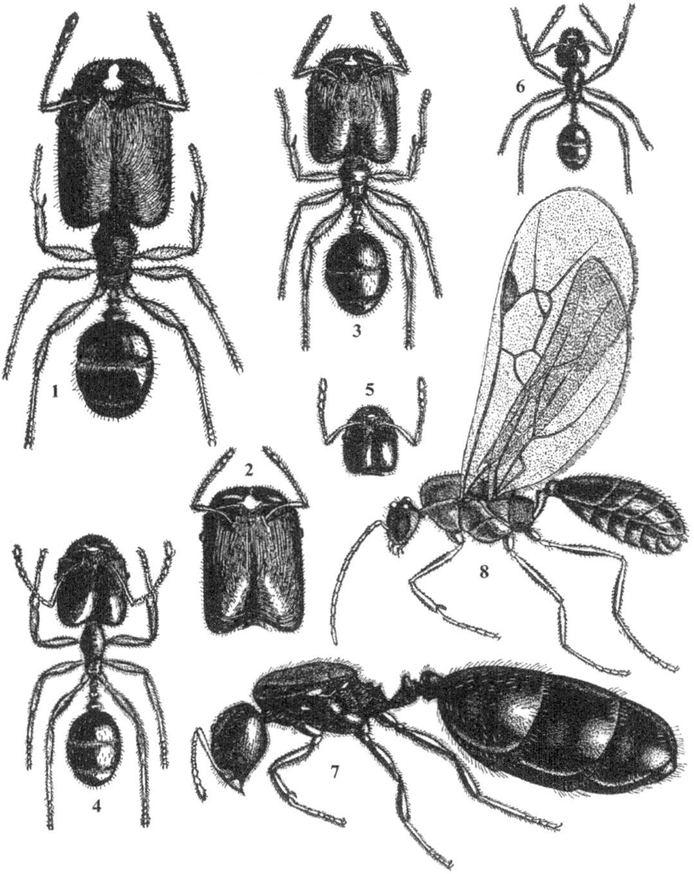

Completo sistema de castas de *Pheidole instabilis*, una especie del sudoeste de Norteamérica, tal como aparecen en las ilustraciones clásicas de William M. Wheeler realizadas en 1910. La gran reina (abajo, 7) ha encogido sus alas después de aparearse e iniciar una colonia. Sobre ella, un macho con las alas permanentemente desplegadas, que muere tras abandonar la colonia para aparearse. Hay muchas clases de obreras, desde las pequeñas (6) pasando por las intermedias (2-5) hasta llegar a las soldados, cuya cabeza es absurdamente enorme (1).

reinas vírgenes o por el alimento y acicalamiento que reciben de sus hermanas obreras, son criaturas bastante lastimosas. Viven solamente para ese único acto de apareamiento; si es que lo logran. Pasan casi toda su vida dentro de los nidos como inútiles pupilos de sus hermanas. Muchos investigadores, entre los que me incluyo, han buscado durante mucho tiempo alguna prueba de que los machos de alguna especie ayuden a sus hermanas en el trabajo tanto dentro del nido como en los alrededores, o arriesguen sus vidas para defender la colonia. Nunca hemos encontrado ninguna prueba de que los machos contribuyan de alguna manera.

Las hormigas macho tienen cerebros pequeños y ojos y genitales grandes, equipaje que es necesario para la única misión que tienen en la vida: el vuelo nupcial. Su estatus como misiles de esperma hace que sus vuelos de apareamiento sean carreras kamikazes, en las que el éxito no está asegurado y solo tienen garantizada una muerte rápida.

¿Qué diferencia genéticamente a las hormigas macho de las hembras? Los machos proceden de óvulos no fecundados, las hembras de óvulos fecundados. La reina madre controla el sexo de cada huevo que pasa por su oviducto antes de su puesta. Tiene una especie de saco en su abdomen, llamado espermateca, en el que porta los espermatozoides adquiridos cuando se ha apareado. Un túbulo conecta la espermateca con el oviducto. Este túbulo tiene una válvula que se puede abrir para dejar paso a un único espermatozoide, si ella «lo desea», haciendo que el huevo sea hembra. O puede mantenerla cerrada, haciendo así que el huevo sea macho. Por esta razón, nunca habrá un rey, un presidente, un comandante o ninguna otra cosa que no sea un consorte real de vida efímera.

10

Las hormigas se comunican con el olfato y el gusto

La primavera había llegado cuando, en 2018, visité las tierras vírgenes del Parque Estatal de Torreya en Florida. La hibernación de los animales había finalizado. Las presas abundaban para el deleite de los carnívoros. Era el momento en el que una cabeza de cobre que estaba observando recuperara su lugar en el mundo de las serpientes. Se deslizó en medio de los biólogos allí reunidos como si fuera agua que fluye. Sacó y guardó una lengua bífida, tocando con delicadeza, pero sin lamer, cantidades microscópicas de material oloroso, para luego rozar el órgano de Jacobson, el epitelio químicamente sensible del paladar. Este hermoso animal que acababa de pasar el invierno en un agujero cercano, estaba olfateando el camino hacia un lugar desconocido que el instinto y las circunstancias del momento iban a decidir.

La serpiente cabeza de cobre vivía, como hace la inmensa mayoría de las especies animales, en un mundo sensorial que los científicos apenas han empezado a comprender. Los humanos somos una de las raras excepciones: nos basamos, casi exclusivamente, en la vista y el oído. Los pájaros, grillos, ranas, peces de arrecife de coral y algunos pocos animales más también están atrapados en una burbuja audiovisual, y para ellos es difícil incluso imaginar el mundo interno de los diez millones de especies aproximadamente que componen el resto de la vida.

Nadie ha escrito o contado jamás una historia de amor humana utilizando perfume y olor de axilas.

Si nuestros antepasados primates bípedos y audiovisuales no se hubieran originado en la sabana africana, si no hubieran pasado por una evolución de seis millones de años antes de dar lugar finalmente al *Homo sapiens*, es posible que los entornos terrestres actuales estuvieran dominados por insectos sociales. Las hormigas serían las depredadoras dominantes y las termitas las principales procesadoras de la vegetación muerta, ambas comunicándose casi exclusivamente mediante el gusto y el olfato.

Dicho de una forma más técnica, los insectos sociales hablan y escuchan principalmente mediante feromonas, sustancias químicas que circulan a modo de mensajes entre individuos de la misma especie, y alomonas, sustancias utilizadas por otras especies y utilizadas por los insectos sociales para cazar presas o evitar convertirse en una de ellas.

Entre todos los organismos que viven apoyándose en el olfato y el gusto, las hormigas son las expertas de la comunicación química. Si se encontraran formas de vida avanzada en otros planetas (y así será finalmente, al menos en otros sistemas solares diferentes al nuestro), seguramente habría especies eusociales de alguna clase, es decir, especies en las que las sociedades se forman mediante el altruismo y grados avanzados de cooperación. En las colonias eusociales existe una «realeza» cuyos miembros se reproducen con o sin la ayuda de obreras. Las obreras, liberadas parcial o totalmente de las necesidades anatómicas y fisiológicas derivadas de la reproducción, son capaces de especializarse y competir con más eficiencia, permitiendo a su colonia vencer a los individuos o a otras colonias. La evolución actúa mediante selección natural, no solo entre los miembros individuales que componen las colonias, sino también entre las propias colonias. El proceso sigue siendo coherente con la regla fundamental de la evolución mediante selección natural: la unidad de la evolución es el gen y el objetivo de la selección natural es el rasgo prescrito por el gen. Eso es todo lo que importa en la biología fundamental darwiniana, y probablemente sea una ley válida en todo el universo.

Las colonias eusociales han surgido al menos diecisiete veces durante la historia de la vida en la Tierra. La eusocialidad ha emergido tres veces en los camarones de la familia Alphaeidae, conocidos comúnmente como camarones pistola que destacan por crear nidos excavando madrigueras en las esponjas vivas de las aguas marinas poco profundas. En los avispones, avispas y polistinos actuales encontramos dos líneas independientes que dieron lugar a colonias. Se han encontrado dos más entre los escolitinos. Dos más existen en las ratas topo desnudas de África, un animal subterráneo. También han surgido otras líneas que dieron lugar a grupos eusociales en los modernos áfidos, arañuelas (tisanópteros) y abejas de las tribus Allodapini y Augochlorini. Finalmente, se podría incluir también a la humanidad, donde los cuidados aportados por las abuelas, la especialización laboral extrema, el servicio militar activo y las sectas religiosas abstemias son bastante comunes.

¿Cuántas hormigas coexisten con los humanos en la actualidad? Según una estimación bastante aproximada serían 10^{16}, diez mil billones, que es más o menos un millón de veces el número de seres humanos vivos al mismo tiempo, y, dado que el peso habitual de una hormiga está entre uno y diez miligramos, una millonésima parte del peso de un humano, podemos decir que todas las hormigas vivas pesan más o menos lo mismo que todos los humanos vivos.

Sin embargo, el hecho de que la masa total de hormigas y de personas sea parecida no debería impresionar a ningún antropólogo ni entomólogo. Si, por ejemplo, imaginamos que todas las personas vivas (unos 7.500 millones) fueran apiladas como troncos, toda la humanidad ocuparía una milla cúbica de espacio, una masa que se podría esconder en una sección remota del Gran Cañón.

Durante más de cien millones de años, las hormigas han jugado un importante papel a la hora de crear el mundo en el que habitamos. Lo han hecho al mismo tiempo que creaban el suyo propio, un mundo quimiosensorial. En otras palabras, gestionan sus complejas organizaciones casi por completo mediante el gusto y el olfato. Para identificar las señales químicas que pasan de una hormiga a otra y para que un humano pueda «hablar» con una hormiga, sería necesario descifrar su piedra de Rosetta.

Basta con toparse casualmente con alguna colonia de hormigas para percatarse de su dependencia de las feromonas. Piensa, por ejemplo, en el siguiente experimento que puedes hacer tú mismo. Encuentra una colonia de hormigas. Servirán las invasoras de tu cocina. Si no hay ninguna, sal en un día cálido y busca nidos excavados en franjas desnudas de tierra o bajo una cálida roca. Pon una gota de agua con azúcar todo lo cerca posible del nido y observa qué sucede cuando las exploradoras que patrullan la zona la encuentren. Las primeras que la encuentran suelen beber hasta la saciedad. Luego corren hacia el nido, por regla general, siguiendo un camino directo. (Las exploradoras saben exactamente dónde se halla el nido, aunque tú lo desconozcas.) La exploradora regurgita gotitas de agua con azúcar para algunas de las hormigas del nido y luego vuelve a salir. Algunas de las obreras van tras ella. Siguen exactamente la misma ruta que ha tomado la primera exploradora, cada giro y cada vuelta. Es obvio que la hormiga ha dejado un rastro químico para que lo puedan seguir sus compañeras de nido. Al regurgitar más agua azucarada para otras obreras, les está gritando mediante feromonas: «¡He encontrado comida! ¡Esta que os traigo! ¡Seguid mi rastro y encontraréis más!».

A continuación, puedes utilizar el siguiente método que revelará la existencia de todo un conjunto de feromonas vital para la integridad de la colonia. Coge, con mucho cuidado, una obrera situada cerca de la entrada del nido, por ejemplo, guiándola hasta el interior de una botella. Cuando ya se haya calmado, permite que se reúna con sus compañeras de nido. Estará moderadamente excitada, pero sus compañeras lo estarán mucho menos. Ahora repite el experimento, pero captura una hormiga de otro nido distante. Cuando la coloques con esta colonia diferente, las residentes la atacarán furiosamente.

«¡Olor corporal equivocado! ¡Extranjera! ¡Extranjera!»

Las obreras de la segunda colonia han detectado a la hormiga introducida gracias a sus antenas, donde se halla la mayor parte de los detectores de olores, y la reconocen inmediatamente como una intrusa. Cada obrera porta una combinación de sustancias en la superficie oleosa de sus partes corporales específica de la colonia en la que nació y es tan única como lo es una llave para una cerradura. Aquellas que tienen un olor extraño son instantáneamente atacadas, asesinadas o expulsadas.

El olor corporal de una hormiga individual, una mezcla de aromas absorbidos en las secreciones oleosas de su cuerpo, es como el rostro de una persona o el uniforme que esta lleva. La combinación de compuestos químicos que lleva permite a las demás hormigas de la misma especie saber en un instante si se trata de un miembro de la misma colonia o no, su género, su casta física, su edad aproximada y la tarea para la que está especializada en ese momento.

Una gran parte de esta información debe ser procesada en segundos y requiere de una precisión exquisita. Para sobrevivir, la colonia, formada, según la especie, por entre menos de cien individuos a más de un millón, necesita que todas sus respuestas sean las adecuadas.

Observe una corriente de hormigas obreras yendo de un lado a otro, algunas desplazándose en una dirección y otras en la opuesta. Cuando los individuos se encuentran de frente, se detienen solo durante una fracción de segundo, no dudan ni un instante, y luego siguen casi a la misma velocidad a la que iban antes. Las imágenes a cámara lenta revelan los detalles de cada uno de estos intercambios. Cuando las hormigas siguen los rastros olorosos dejados por las exploradoras de la colonia, mueven sus antenas de lado a lado. El primer segmento de cada antena, el escapo, es largo y desnudo, y funciona como un tallo que sostiene y mueve los segmentos más externos y cortos, llamados colectivamente funículo.

El funículo es la nariz de la hormiga. Está cubierto por una capa densa de diminutos pelos, protuberancias y placas especializadas para detectar varias sustancias químicas y transmitir neurológicamente su identidad y cantidad al cerebro. La hormiga elige su acción rápida y decididamente, por instinto y condicionada por la información sensorial proporcionada.

Entendemos muy poco todavía sobre cómo funcionan los receptores sensoriales de las hormigas. En la actualidad, sabemos solo lo que vemos, lo que nos han proporcionado nuestros sentidos dominantes, la vista y el sonido. El escaneo de la superficie de una diminuta parte del funículo pone de manifiesto la existencia de una asombrosa cantidad de estructuras diminutas muy diversas. Sería muy interesante conocer los detalles del funcionamiento de cada una de esas estructuras, cómo diferencian las distintas firmas químicas que captan y cómo desencadenan una respuesta a través del sistema nervioso del relativamente rudimentario cerebro de la hormiga. Me siento muy satisfecho de haber podido ser el primero en averiguar cómo se utilizan las feromonas para comunicar información entre las hormigas y dentro de la colonia.

11

Cómo logramos descifrar el código de las feromonas

Para comprender la historia natural de las hormigas es importante hallar un modo de comunicarse con ellas, al igual que haríamos con humanos de otra cultura o incluso con extraterrestres de otro planeta. ¿Cómo podríamos ignorarlas? Diez mil billones de hormigas comparten la Tierra con menos de ocho mil millones de seres humanos. Su linaje, que se remonta 150 millones de años atrás, en plena era de los reptiles, es diez veces más antiguo que el nuestro.

Y, sin embargo, tenemos mucho en común. Observar la actividad de una colonia de hormigas es como estudiar el fresco de Ambroglio Lorenzetti *Alegoría del buen gobierno*, que retrata Siena como una ciudad estado gobernada en perfecto orden. En este mural clásico, realizado en 1340, todos los ciudadanos son productivamente activos y se comportan respetuosamente entre ellos. Entran y salen tranquilamente de las calles y edificios a través de la puerta vigilada de la ciudad hacia la abundante campiña. Cada ciudadano tiene un propósito. En ese momento, la ciudad de Lorenzetti está en paz, libre de enemigos externos. Los ejércitos de los reinos, ducados y ciudades estado rivales están acampados pacíficamente en algún lugar más allá del horizonte montañoso.

Hay muchas similitudes, pero las diferencias reales entre las hormigas y los hombres son profundas. Las hormigas crean civilizaciones por instinto; no son capaces de hacer otra cosa que no sea aquella para la que evolucionaron. Por su parte, los seres humanos se ven divididos por las necesidades contrapuestas del yo, la familia y la tribu. Utilizamos la cultura para neutralizar el instinto o, al menos, para domesticarlo, aunque la utilicemos al mismo tiempo para crear nuestros valores.

Y lo más importante es el hecho de que, tal como ya he señalado, los humanos nos comunicamos mediante la vista y el sonido, lo que permite la creación de palabras con significados elegidos arbitrariamente. Es decir, nos comunicamos mediante el lenguaje, el prerrequisito para la evolución más rápida posible del orden social. Las hormigas, en cambio, utilizan secreciones químicas que procesan mediante el olor o el sabor y cuyos significados son fijos gracias a los genes.

Dado que los más de siete mil millones de seres humanos y los diez mil billones de hormigas gobiernan juntos el mundo terrestre, es importante que seamos capaces de hablar con ellas, tanto como si hubiéramos aterrizado en un exoplaneta habitado por otra especie eusocial.

Estos pensamientos rondaban por mi mente cuando, en el verano de 1958, decidí aprender el lenguaje de las feromonas de las colonias de hormigas de fuego que estudiaba en mi laboratorio de Harvard. Este objetivo parecía demasiado ambicioso, pero contaba con diversas ventajas que me podían ayudar a alcanzarlo. Por encima de todo, los detalles del ciclo de vida y la relativa simplicidad de la vida de las hormigas de fuego las convertía en una especie idónea para el propósito.

Así pues, ¿cómo empezar? Utilicé una regla que me ha inspirado durante toda mi vida como investigador. «En biología, para cada problema existe una especie ideal para solucionarlo y, de manera inversa, cada especie es ideal para resolver algún problema.»

El problema ideal que podía resolver la hormiga de fuego importada era el lenguaje común utilizado para buscar comida. Las obreras de las hormigas de fuego son extraordinarias a la hora de coordinar la búsqueda y la recolección del alimento. Si permite que una colonia se establezca en su jardín, lo próximo que verá es que le roban migas de galletas de su mesa de la cocina. Las exploradoras salen del nido para buscar comida, esté donde esté. Cuando tienen éxito, reclutan hermanas obreras para proteger el botín y ayudar a transportarlo hasta la colonia. Y aún hay más: informan a sus hermanas obreras de la localización exacta del tesoro. Cuando una cazadora encuentra una pizca de alimento demasiado grande para cargarlo, por ejemplo, un ratón muerto o un trozo de pastel que ha quedado por descuido en una mesa de pícnic, se alimenta de él durante un rato, impregnando así de ese olor todas las partes de la boca, haciendo posible que sus compañeras del nido juzguen su calidad más tarde. Luego se dirige casi en línea recta al nido arrastrando la punta de su aguijón por el suelo dejando cantidades ínfimas de feromonas durante todo el recorrido.

Cuando alcanza el nido, la recolectora entra rápidamente y se dirige a una compañera de nido tras otra, exponiéndolas al rastro de feromonas que informa de la existencia de comida y de la naturaleza y calidad del alimento descubierto. Cuanto más rico sea el alimento y más hambrienta esté la colonia, más excitados serán los movimientos de la recolectora. Traducida al lenguaje humano, su exhortación sería parecida a esta: «Comida, comida, he encontrado algo de comida», y luego «¡COMIDA! ¡COMIDA! ¡PRESTAD ATENCIÓN, SEGUID MI RASTRO! ¡VOY A REGRESAR!». Después de correr de una compañera a otra, regresaría por el camino que acababa de trazar gracias al rastro que había dejado.

Lo primero que se me ocurrió fue que el camino contiene una feromona y, segundo, que el mejor bioensayo que se podría realizar para localizar la glándula que produce dicha feromona sería aquel que pueda desencadenar una respuesta a ella mediante experimentos de laboratorio.

Así que me dispuse a localizar la glándula. Si podía encontrar esta parte de la piedra de Rosetta de las hormigas, podría «hablarle» a una colonia de hormigas de fuego y decirles dónde ir a buscar comida. Todo lo que tenía que hacer era extirpar las glándulas exocrinas, las que secretan sustancias hacia el exterior del cuerpo, y crear rastros artificiales ante el que responderían las hormigas del laboratorio, o puede que no.

Por supuesto, primero necesitaba saber si existían glándulas exocrinas en las hormigas, y dónde se hallaban. Gracias al innovador trabajo de los siglos XIX y XX de los microscopistas Charles Janet, Auguste Forel, William Morton Wheeler y Mario Pavan, tenía una idea aproximada de en qué parte de las hormigas se hallaban las glándulas exocrinas. Esta pionera investigación anatómica utilizó los métodos clásicos de la histología, seccionando especímenes y reconstruyendo estructuras tridimensionales con el uso de microscopios compuestos. Sus descripciones me fueron de gran ayuda (de hecho, fueron fundamentales), pero, aun así, tenía un gran problema que resolver. Una hormiga de fuego típica mide solo entre dos y cinco milímetros de longitud y pesa de uno a dos miligramos. ¿Cómo podría extirpar las glándulas individuales, lavarlas de contaminantes y luego utilizar sus contenidos para atraer a las colonias de laboratorio, cuando son más pequeñas que una mota de polvo?

Los biólogos logran hacer cosas como estas gracias a los micromanipuladores, con los que pueden manejar cantidades extremadamente pequeñas de material con sus propios dedos utilizando instrumentos suficientemente pequeños. Tenía muchas ganas de aprender una nueva tecnología, y fui afortunado. Logré el objetivo utilizando el más preciso de todos los instrumentos de mano, las pinzas Dumont Número 5 con punta de aguja, utilizadas por los joyeros para manipular piedras preciosas muy pequeñas. Los movimientos que realizaba para extirpar las glándulas no eran ejecutados bajo un control muscular consciente. Eran los temblores habituales de los dedos que se hacen plenamente visibles bajo un microscopio de disección. Estos movimientos involuntarios fueron suficientes para cortar la base de las glándulas y pasarlas a una solución salina de sangre de insecto para su posterior preparación.

Fue durante el curso de esta exploración de las feromonas de las hormigas que llegué a apreciar otro principio del funcionamiento de la investigación biológica:

«Cuando busques un nuevo fenómeno, cuenta con la serendipia. Haz experimentos precisos pero sencillos y fáciles de repetir para así obtener algún resultado, esperado o no. El objetivo principal es descubrir fenómenos desconocidos hasta entonces. Luego, repite los experimentos, las mediciones cuidadosas, busca otros medios para probar el resultado, y elabora y prueba explicaciones opuestas, todo eso has de conseguirlo antes de comprometerte a realizar un informe impreso u otra forma de anuncio formal.»

El mejor resultado de la serendipia es la sorpresa, y la pude experimentar en mi búsqueda del rastro de feromonas. Utilizando mis herramientas y técnicas, primero busqué la glándula venenosa de la hormiga de fuego. Con un microscopio de laboratorio se puede observar como las obreras forrajeadoras extienden su aguijón para dejar un rastro de feromonas. Tiene sentido suponer que el veneno procede de alguna glándula. Podría ser que el veneno fuera la feromona. Pero, cuando probé esta hipótesis, el resultado fue completamente negativo. El veneno no tuvo ningún efecto en las hambrientas hormigas de fuego. Ni tampoco, aunque fue menos sorprendente, los contenidos de las glándulas que probé de otras zonas del cuerpo.

Luego me fijé en otro órgano candidato conectado con el aguijón, la glándula de Dufour, llamada así por Léon Jean Marie Dufour, quien fue el primero en describirla en 1841. La glándula de Dufour, que se encuentra en hormigas y avispas, se abre en la base del aguijón. Con forma de salchicha y apenas visible a simple vista como poco más que una diminuta manchita blanca, parece un candidato poco probable para un papel tan importante como el de ser la responsable del rastro de olor que deja la hormiga de fuego. Sin embargo, cuando extirpé una de una hormiga que acababa de morir, la lavé en solución salina, la aplasté contra la punta de un aplicador afilado y con él dibujé un rastro artificial desde la entrada del nido del laboratorio, el resultado fue impresionante. No es que siguieran el rastro solo algunas hormigas del nido, sino que salieron formando una concurrida columna. Iban y venían a lo largo del sendero que yo había trazado. Eran como personas que reaccionaban a una alarma de incendios muy potente en un edificio abarrotado, corriendo en todas direcciones y gritando.

Había establecido contacto, una respuesta biológica a una sustancia química activa. El siguiente paso era utilizar el bioensayo para identificar la sustancia en cuestión. Si tenía éxito, sería un auténtico avance; la identificación de una palabra en la piedra de Rosetta de las hormigas, por decirlo de alguna forma. Providencialmente, los químicos orgánicos que estudian productos naturales habían perfeccionado hacía poco una técnica que permitía la identificación de cantidades ínfimas de una mezcla de sustancias orgánicas. La cromatografía de gases permite la separación de las sustancias de una mezcla, y la espectrometría de masas posibilita la identificación de los componentes separados mediante la comparación con componentes previamente identificados.

Llegados a este punto, conté con la ayuda de tres químicos de la Universidad de Harvard familiarizados con la nueva metodología para identificar la feromona de la hormiga de fuego. Eran James A. McCloskey, por entonces un joven profesor de la facultad Baylor de Medicina en Houston, Texas; John H. Law, profesor en la Universidad de Chicago, que más tarde se convirtió en director del Departamento de Bioquímica de la Universidad de Arizona; y un estudiante de posgrado, Christopher T. Walsh, quien se convirtió en un distinguido miembro del profesorado de la facultad de Medicina de la Universidad de Harvard. No teníamos dudas de que la feromona era un compuesto orgánico, pero, para averiguar cuál, necesitábamos al menos una muestra pura de un miligramo. Pero eso acarreaba otro problema: cada hormiga contiene solo una millonésima de gramo de la sustancia pura. Para seguir avanzando, necesitábamos recolectar las feromonas de miles de hormigas de fuego.

¿Podría nuestro equipo obtener una muestra lo suficientemente grande? Como biólogo del grupo, sabía la respuesta. A lo largo de las carreteras y senderos del sudeste de Estados Unidos, se pueden encontrar montículos de hormigas de fuego aproximadamente cada cien metros en franjas de hierba de la carretera. Cada uno es el hogar de unas doscientas mil obreras. Y sabía cómo recolectar una gran parte de la población de cada una de ellas.

Así que conduje a mis amigos químicos hasta una autopista situada al oeste de Jacksonville, Florida, donde abundaban los nidos de hormigas de fuego cerca de estanques alimentados por las tranquilas corrientes de agua dulce de la zona. Nos enfrentamos a las picaduras de las hormigas de fuego, sacamos paladas y paladas de suelo de los montículos y las depositamos en la corriente de agua observando cómo las hormigas mezcladas con la tierra flotaban en la superficie. A continuación, obedecieron al mismo instinto que salva a las colonias de estas hormigas de las inundaciones naturales: formaron masas que servían como balsas naturales. En condiciones naturales, las balsas pueden flotar corriente abajo hasta que las hormigas llegan a un puerto seguro.

Al explotar este instinto comunal, recolectamos las suficientes hormigas y los productos de sus cuerpos para realizar un análisis químico orgánico ordinario. Utilizando rastros artificiales con el material purificado, mis colaboradores descubrieron que la feromona era probablemente un terpenoide.

Y entonces se toparon con un misterioso contratiempo. Cuando más purificada estaba la feromona para poder averiguar su estructura atómica, más débil era. Este giro podía significar que el efecto logrado no es el resultado de una sustancia, sino de una mezcla de estas. Le correspondió a Robert Vander Meer, director del laboratorio de hormigas de fuego del Departamento de Agricultura de Estados Unidos en Gainesville, Florida, demostrar que esta percepción era correcta. El efecto completo de la secreción de la glándula de Dufour es producto de una mezcla de feromonas, utilizada para excitar, atraer y guiar.

Un día interpreté el papel de un Moisés formícida, dejando una gran cantidad de la feromona concentrada cerca de la entrada de un nido artificial. En medio de una gran excitación, salieron una gran cantidad de hormigas del nido. Pero no tenía ninguna tierra prometida que ofrecerles y, tras deambular ociosamente por los alrededores, todas se fueron metiendo de nuevo en el nido.

12

El idioma de las hormigas

Entre las más de quince mil especies de hormigas clasificadas por lo entomólogos, existe toda una torre de babel de lenguas, cada una de ellas un lenguaje fórmico,* un conjunto de feromonas utilizadas por las obreras para gestionar su vida social. Otros biólogos y yo hemos descubierto en parte cómo traducir su lenguaje químico en los lenguajes audiovisuales de los seres humanos.

Así pues, ¿cuántas feromonas utiliza una obrera de una especie concreta? ¿Cuántas «palabras» existen en cada uno de esos «idiomas»? Yo diría que la cifra está entre diez y veinte, dependiendo del número exacto de la especie en cuestión. Además, las hormigas son capaces de crear nuevos mensajes variando la cantidad de feromonas liberadas.

Por ejemplo, cuando una hormiga recolectora (*Pogonomyrmex badius*) que está recogiendo semillas y otros

* «Fórmico» es el nombre que utilizó Robert Frost para el lenguaje de las hormigas en su hermoso poema corto «Departamental».

alimentos se topa con un grupo de hormigas de fuego, su enemigo mortal, rocía un fino espray de la feromona de alarma metil heptanona secretada por las glándulas gemelas situadas en las uniones de sus mandíbulas dotadas de dientes de sierra. Ese material es volátil, por lo que se disipa con rapidez produciendo un olor fácilmente detectable tanto por las hormigas como por las personas. A menos que la hormiga huya, el vapor de metil heptanona forma un «espacio activo» hemisférico, dentro del cual la feromona puede ser olida por una hormiga o por un humano. En el momento de la liberación, la sustancia, y de ahí el olor, es mayor en la parte frontal de la cabeza de la hormiga. Se debilita exponencialmente en dirección al límite del espacio activo.

Si la hormiga «oyente» se halla en el borde del espacio activo, la señal detectada será muy débil. Una señal débil sirve para atraer al receptor y guiarlo hacia la zona en la que la concentración del vapor de feromona es mayor. La metil heptanona es comparable a una luz roja parpadeante; dice: «¡Atención! ¡Algo va mal! Ven aquí y compruébalo». Cuando la hormiga se dirige hacia la fuente y hacia la zona de mayor concentración de la feromona, se excita cada vez más y empieza a correr alrededor, intentando detectar cuál es el problema. «Ayuda. Una compañera del nido está en problemas. Corre hacia ella, hacia el lugar donde la concentración es máxima.» En poco tiempo, por lo general en unos pocos segundos, la hormiga que sigue el olor llega al lugar en el que se halla su angustiada compañera y se une a la contienda. A partir de una feromona, la hormiga recolectora ha creado el equivalente a tres palabras.

¿Puede una especie de hormigas «leer» el lenguaje feromónico de otra? En algunos casos sí, y la capacidad para hacerlo posibilita que sea víctima del parasitismo social. Encontré un ejemplo en los bosques montañosos del norte de Trinidad. Se trata de la especie arbórea *Azteca chartifex*. Sus colonias, que crecen hasta adquirir un tamaño inmenso, construyen nidos masivos de fibra de madera masticada. Decenas de miles de obreras salen formando gruesas columnas en marcha a lo largo de las ramas de los árboles y bajan por los troncos para recolectar el rico material vegetal e insectos que habitan entre la vegetación del suelo.

Mientras visitaba una reserva natural situada en las montañas del norte de Trinidad, me di cuenta de que una segunda clase de hormiga, una algo más grande y cuya coloración era diferente (más tarde la pude identificar como *Camponotus apicalis*), estaba compitiendo con la *Azteca*. Estaban siguiendo el rastro dejado por estas últimas. Salieron de su nido y bajaban por el árbol hasta la zona de alimentación del suelo. De hecho, las hormigas *Camponotus* estaban utilizando información robada a la *Azteca* para apropiarse de parte del suministro de alimentos de dicha especie. Estas intentaron atrapar a las *Camponotus*, pero las intrusas eran demasiado fuertes y veloces como para ser alcanzadas e inmovilizadas.

Las hormigas son grandes olfateadoras. Los perros poseen una capacidad casi ilimitada para distinguir olores, pero no más que las hormigas, que saben mejor qué hacer con esa información. Las hormigas han construido civilizaciones basándose en los olores para los cuales sus cerebros están genéticamente diseñados para dar una respuesta. Los humanos utilizamos mejor las señales sonoras y visuales (palabras) cuyos significados arbitrarios pueden agruparse en oraciones, produciendo un inmenso conjunto de significados.

Las hormigas, por ejemplo, pueden sumar a las feromonas otros olores para crear «protooraciones». Una obrera recolectora, tras toparse con hormigas de fuego, corre hacia su nido pulverizando feromonas de alarma que serían lo equivalente a gritar «Emergencia, peligro», luego «Enemigos» presentando el olor de las hormigas de fuego que ha adquirido en su integumento durante una pelea reciente, y luego «Por aquí, seguidme», cuando da la vuelta y regresa siguiendo el rastro de olor que acaba de dejar. Puedo imaginarme otra feromona flotando en el aire con un mensaje para aquellas que van a la batalla: «¡La Reina! ¡La Reina! ¡Luchad a muerte por la Reina!».

¿Podrían también las hormigas, durante sus 150 millones de años de evolución de miles de especies, haber desarrollado un auténtico lenguaje? ¿Pueden emitir pulsos de feromonas con frecuencias y amplitudes diferentes para crear palabras, como hacemos nosotros tan notablemente utilizando el sonido? La respuesta, apoyada en los modelos de la física matemática, es que es posible, pero es altamente improbable. Los pulsos de olor son fundamentalmente diferentes a los pulsos sonoros. A la hora de generar información (comunicarse mediante olores) sería necesario controlar la emisión y la recepción en una distancia de tan solo unos pocos milímetros.

Las hormigas y otros animales invertebrados son demasiado pequeños, y sus cerebros demasiado exiguos para superar su limitación a la hora de comunicarse. Aun así, los insectos sociales en general, y las hormigas en particular, son una de las especies vivas que han conseguido casi todas las demás innovaciones relacionadas con la comunicación química que podamos imaginar.

13

Hay hormigas (casi) en todas partes

El espacio natural más inhóspito de los Estados Unidos continentales, solo igualado por el valle de la Muerte en julio, es la cima del monte Washington en pleno invierno. El pico más alto del nordeste de Estados Unidos con sus 1.917 metros de altura, está situado en la cordillera Presidencial en Nuevo Hampshire. Sufre temperaturas que son muy variables a lo largo de todo el año y árticas en invierno, siendo comunes las temperaturas negativas y los vientos huracanados.

Fui dos veces (en coche) para ver si encontraba hormigas en la cima, al menos durante los días estivales más suaves. Y las encontré. Había colonias capaces de sobrevivir y crecer especialmente bajo rocas planas a cielo abierto calentadas por el exiguo sol. Había tres especies, que también existen en zonas tan septentrionales como el círculo polar ártico: *Camponotus herculeanus*, *Formica neorufibarbis* y *Leptothorax muscorum*.

Más adelante, también en pleno verano, cuando acudía a una conferencia literaria en Sun Valley, Idaho, viajé con unos amigos en un teleférico hasta la cima de la montaña, más allá del límite arbóreo. De nuevo, me hallaba en un ambiente ártico, un campo cubierto de hierbas con algunos árboles enanos dispersos. Después de buscar minuciosamente, darles la vuelta a rocas calentadas por el sol y revisar los troncos de los árboles atrofiados, nuestro grupo encontró una de las especies árticas, *Camponotus herculeanus*.

Más o menos en la misma época, recibí una carta de un naturalista en la que me contaba que él y un amigo estaban planeando una ruta por la región del Labrador para el verano siguiente. Me preguntaba si me apetecía ver las hormigas que pudieran encontrar. Acepté con entusiasmo. Más adelante, me contaron que solo en una ocasión encontraron hormigas: una única colonia que vivía en la base de un árbol atrofiado. No fue ninguna sorpresa que se tratase de *Formica neorufibarbis*.

Durante los últimos cien mil años, mientras la humanidad se extendía por todo el mundo, los humanos se han mezclado con miles de especies de hormigas que vivían en ecosistemas naturales. Propagamos accidentalmente cientos más a través de nuestros cultivos y transportes. Sin embargo, en un aspecto muy evidente, las hormigas han seguido estando indefensas. Son unas navegantes oceánicas muy pobres. Una de las primeras pruebas que descubrimos de esta debilidad es su casi fracaso a la hora de ocupar y evolucionar en las islas Galápagos. Aves y reptiles, en cambio, han colonizado el archipiélago, en la mayoría de los casos desde Sudamérica, con efectos espectaculares.

Los pinzones de Darwin son el ejemplo más icónico de las radiaciones adaptativas que se produjeron en las Galápagos. Una única pareja o un grupo se las arregló para volar (o fueron impulsadas por las tormentas) hasta al menos una de las islas, donde sobrevivió y prosperó. Con el tiempo, la especie pionera se dividió en dos o más especies, manteniendo cada una de ellas la capacidad de dividirse en más especies, las cuales se especializaron con posterioridad, gracias a la evolución, para ocupar nichos diferentes. Darwin y otros naturalistas descubrieron una fauna entera que se formó a partir de un único progenitor: especies cuyos picos estaban adaptados para alimentarse de insectos, otras con picos más largos y gruesos que les permitían comer semillas de durezas variables y, la más famosa de todas, el «pinzón carpintero», un pájaro que rompe instintivamente ramitas y espinas y las utiliza para extraer insectos escondidos en la madera. Entre los reptiles, una especie está adaptada para la vida convencional terrestre, mientras que una segunda se sumerge en el mar y se alimenta de la vegetación del fondo.

Ninguna especie de hormiga se ha unido a este espectáculo evolutivo. Cuando visité las Galápagos en mi propia peregrinación (en esta ocasión como consejero científico del gobierno de Ecuador), encontré hormigas por todas partes, pero casi todas ellas eran de especies «errantes», hormigas que se originaron en distintos lugares de África, Asia tropical o las Américas continentales, y que luego se colaron en algún cargamento o equipaje con destino a estas islas y a otras partes del mundo.

Que yo sepa, solo ha evolucionado una especie en las Galápagos por sí misma: una hormiga carpintera cuyo nombre científico es *Camponotus williamsi*, en honor al jefe de una de las primeras expediciones. Al parecer, esta hormiga evolucionó en las islas, pero no se ha dividido en varias especies.

A diferencia de las aves, los cocos y las personas, las hormigas son especialmente malas cruzando océanos por sus propios medios. Cuando, en 1967, Robert W. Taylor y yo publicamos nuestra completa monografía, *The Ants of Polynesia,* descubrimos que las hormigas eran muy numerosas en todas las faunas nativas de insectos, incluidas las de los diminutos atolones. Pero también descubrimos que la mitad de las especies habían sido introducidas en el Pacífico por el comercio humano moderno. Más concretamente, las islas del Pacífico están llenas de hormigas solo desde el asentamiento de los europeos durante los cuatro últimos siglos. Parece ser que, en el este de Rotura, Samoa, Tonga y Nueva Zelanda, no hay ninguna hormiga nativa. Descubrimos, en cambio, que las especies errantes introducidas tienen un papel cada vez más dominante en el medio ambiente a medida que nos vamos acercando a Tahití y otras islas del archipiélago de la Sociedad, también en el archipiélago Tuamotu, en las Marquesas y, finalmente, en Hawái.

El caso de Hawái tiene un interés especial para los científicos que estudian la evolución y el medio ambiente. Entre sus treinta y seis especies de hormigas conocidas, pertenecientes a veintiún géneros, hay veintinueve especies errantes que han llegado desde otras regiones tropicales de la Tierra. Ninguna es nativa, es decir, ninguna ha evolucionado en las islas. Al parecer, las treinta y seis especies llegaron accidentalmente a Hawái acompañando a las personas en sus alimentos, maderas y ropas. Todo empezó, muy probablemente, con los polinesios que llegaron a bordo de sus catamaranes hace dos mil años.

Mientras trabajaba en el Museo B. P. Bishop de Honolulu, el gran entomólogo Elwood C. Zimmerman, señaló, en 1970, que en Hawái no había hormigas autóctonas, lo que tenía consecuencias ambientales importantes. «Las islas hawaianas —escribió—, constituyen un maravilloso laboratorio natural en el que podemos observar muchos fenómenos evolutivos en marcha durante sus primeras fases y, a menudo, de una forma simplificada y claramente definida, libre de muchos de los habituales efectos enmascaradores que suelen estar presentes en la mayoría de los entornos.»

Las hormigas no son los únicos organismos que durante la prehistoria no pudieron colonizar estas islas remotas por sí mismas. El resultado es un territorio con ecosistemas desequilibrados. No existen mamíferos, reptiles o peces de agua dulce nativos. La flora nativa compuesta por dos mil clases de plantas superiores es producto de tan solo unas 275 poblaciones inmigrantes ancestrales. La fauna de insectos, compuesta por unas seis mil especies, representan tan solo una tercera parte de todos los órdenes de insectos. «Tal vez solo una planta o insecto fundadores —reflexionó Zimmerman—, pudieron llegar a Hawái cada 10.000-25.000 años durante la historia subaérea del archipiélago.»

Las hormigas han conquistado la mayor parte del mundo biológico, pero no lo lograron por sí mismas. Como resultado, tenemos el privilegio de poder presenciar una versión de cómo sería el medio ambiente terrestre del planeta si todas esas oleadas de reinas voladoras y colonias de hormigas nunca hubieran existido.

Esos pocos insectos, aves y otros animales y plantas que fueron capaces de llegar a Hawái durante los milenios anteriores a la llegada de los humanos y las hormigas, pudieron evolucionar más rápidamente que en la mayoría de los archipiélagos, y eso es precisamente lo que hicieron. El número de especies en términos relativos se disparó en muchos grupos, incluidos insectos de las familias Tipulidae, Delphacidae, Saldidae y del suborden Zygoptera, avispas del género *Odynerus*, abejas de la familia Colletidae, polillas del género *Hyposmocoma*, y entre las aves, los fabulosamente diversos y hermosos mieleros de la familia Drepanididae. En algunos de estos casos, hay más especies en Hawái que en el resto del mundo en su conjunto. Toda esta biodiversidad está menguando por culpa de las actividades combinadas de los humanos y sus compañeros invasivos, especialmente las hormigas.

A lo largo de generaciones, en un periodo de intenso estudio de campo y de laboratorio iniciado a mediados del siglo XIX, los mirmecólogos se han esforzado por encontrar, clasificar y describir todos los aspectos de la biología de cada una de las quince mil especies de hormigas vivas de la Tierra, para evaluar mejor su evolución y el impacto que han tenido en el planeta.

Durante este estudio, hemos descubierto, tal como ya hemos analizado, que las hormigas son malas viajeras, incapaces de cruzar vastas extensiones de agua. Han dependido de los humanos para poder dispersarse y llegar a islas distantes. Sin embargo, cuando han llegado a una nueva tierra, las hormigas han demostrado ser muy ingeniosas, ya que han ocupado prácticamente todos los hábitats terrestres. Anidan en casi todos los lugares, toman el control de la mayoría de las fuentes de alimento disponibles y, al hacerlo, crean una hegemonía artrópoda que controla cada nivel del territorio, desde el dosel más alto hasta la masa radicular más profunda.

Los mirmecólogos, yo entre ellos, nos hemos preguntado muy a menudo si las hormigas han llegado a ocupar cuevas, al menos en pequeñas cantidades. Hay razones sólidas para creer que es posible. Las rocas y los suelos oscuros y húmedos son ideales para establecer madrigueras. Muchas cuevas están llenas de guano que puede servir como fuente de energía primaria. Lo mismo se puede decir de las corrientes y estanques subterráneos que se forman gracias a la filtración de aguas subterráneas. La dispersión no es un problema. Las hormigas colonizadoras solo necesitan caminar o caer en las profundidades.

Los ecólogos que estudian la vida existente en las cuevas distinguen dos categorías principales de organismos que viven en ese entorno. Los «troglófilos» se sienten atraídos por las cuevas y se pasan parte de sus vidas en ellas, pero también pasan una parte del tiempo fuera. Los murciélagos que habitan en las cuevas son los primeros organismos que nos vienen a la mente. En las cuevas nos encontramos un gran conjunto de troglófilos preparados para migrar hacia el interior o el exterior de las profundidades solo para buscarse la vida entre ambos extremos. Unos de los insectos troglófilos más notorios son los grandes grillos carnívoros del género *Ceuthophilus*. Equipados con espinas y mandíbulas agudas y poderosas, disfrutan de la protección de las cuevas durante el día y salen a alimentarse durante la noche.

Los mirmecólogos estamos especialmente interesados en los troglobios, la segunda clase de organismos que habitan en las cuevas, especializados en la vida

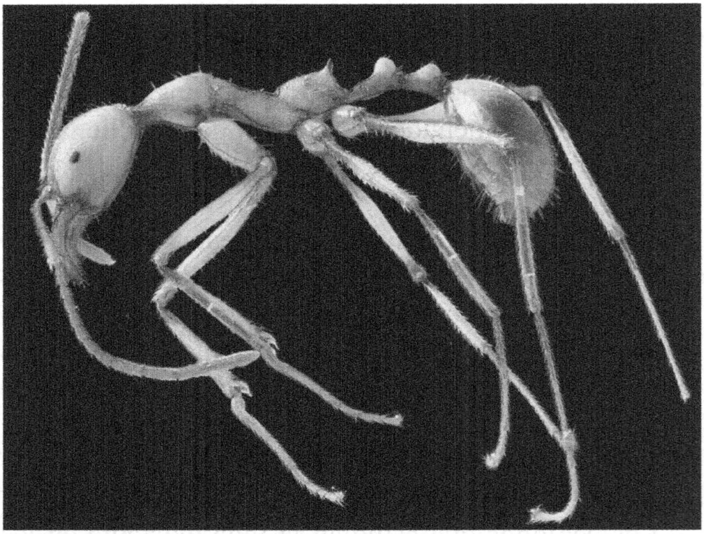

Una hormiga que creemos es auténticamente cavernícola, *Aphaenogaster gamagumayaa*, descrita por Takeru Naka y Munetoshi Maruyama, encontrada en una cueva de piedra caliza de la isla de Okinawa-Jima.

permanente en lo más profundo de su interior, lugares a los que no llega la luz exterior. ¿Y por qué no? Las hormigas, al menos las que conocemos, están adaptadas a vivir en ambientes oscuros y húmedos. Desde el origen de la fauna mundial, hará unos cien millones de años, se han ido diversificando especies constantemente, por lo que han contado con innumerables oportunidades para adaptar sus colonias y sus genes al inframundo.

En 1922, William Morton Wheeler, mi predecesor como profesor y conservador de entomología en la Universidad de Harvard, recibió una colección de hormigas que el ecólogo F. M. Urich había recogido en la cueva del Guácharo, también conocida actualmente como cueva Oropouche, en Trinidad. El interior estaba ocupado por guácharos, el equivalente entre las aves a los murciélagos que habitan en cuevas. El color pálido de las hormigas, sus pequeños ojos y sus pelos largos y erizados hicieron pensar a Wheeler que eran troglobios en toda regla, adaptados a vivir en las profundidades de las cuevas. Las bautizó como *Spelaeomyrmex urichi* («hormiga cavernícola de Urich»). En la actualidad, su nombre taxonómico es *Carebara urichi*.

Cuarenta años después, en 1962, estaba viviendo con mi esposa, Irene, en la nueva Reserva Natural Asa Wright. Decidí (no me pude resistir) que tenía que ver por mí mismo las hormigas cavernícolas de Urich.

Tras un viaje en coche y una larga y dificultosa caminata a través del bosque y de plantaciones de cacao, llegué a la entrada de la cueva. Estaba cansado, tenso por mi leve claustrofobia, pero excitado a la vez ante la posibilidad de poder ver algo verdaderamente nuevo para mí. La cueva Oropouche es la fuente del río del mismo nombre, que fluye desde el fondo de la cueva como una corriente clara de varios metros de ancho. Gran parte del suelo de la cueva, por lo demás desnudo, estaba cubierto de guano debido al gran número de guácharos que anidaban por encima. La fauna de insectos y otros artrópodos que habitaban la parte interior de la entrada era rica y diversa, compuesta por varias especies de hormigas, colémbolos, grillos de cueva, dermápteros, moscas pequeñas y ácaros. Todos los organismos que vi eran troglófilos, especies que también salen de la cueva.

A quince metros de la entrada, la oscuridad era total. La cueva continuaba con cinco curvas importantes a lo largo de unos 200 a 300 metros. La fauna artrópoda se fue reduciendo hasta que lo único que había eran colémbolos de la familia Entomobryidae, algunos hexápodos sin alas e isópodos. Hacia el final de la cueva, el techo estaba a tan solo un metro de la superficie del riachuelo, el pasaje continuaba unos veinte metros más. En ese trecho encontré varias colonias de la hormiga cavernícola de Urich. Desenterré una y la coloqué en un recipiente para llevármela al laboratorio y poderla estudiar más de cerca.

Semanas más tarde, Irene y yo nos trasladamos de Trinidad y Tobago a Paramaribo, la capital de Surinam, por entonces, en sus últimos días como colonia holandesa. Visité los bosques tropicales y las praderas para disfrutar de la variada fauna de hormigas del continente sudamericano. En un momento dado, trabajando en la aldea nativa de Bernardsdorp, empecé a diseccionar un gran tronco podrido que demostró contener un tesoro escondido compuesto por hormigas, otros insectos y toda una diversidad de arácnidos. Mientras retiraba un trozo grande de corteza podrida, encontré una colonia de la hormiga cavernícola de Urich.

No había cuevas cerca, por lo que la especie que encontré en la cueva del Guácharo era troglófila, una especie de los bosques capaz de vivir en las cuevas si es necesario, y no un troglobio, una especie que solo vive en las cuevas. Creo que no se puede decir que las hormigas, en su conjunto, hayan colonizado este entorno tan peculiar, algo que sí han conseguido en los desiertos más secos, los doseles más altos y los hábitats sin hielo, pero con temperaturas muy frías.

Pasaron cuarenta años más sin ninguna prueba de la existencia de una hormiga auténticamente troglobiótica en todo el mundo. Y, entonces, dos equipos independientes de Asia descubrieron dos especies candidatas previamente desconocidas. A cada una de ellas se le dio un nombre científico bastante difícil de pronunciar: *Leptogenys khammouanensis* a la especie descubierta en Laos y *Aphaenogaster gamagumayaa* a la descubierta en Okinawa-Jima.

Cada una de estas pioneras solo se ha podido encontrar en zonas profundas de cuevas. Ambas tienen acceso a nutrientes disponibles en el abundante guano de murciélago, además de una gran cantidad de insectos, arañas y otros artrópodos que probablemente les sirvan de presas. Las adaptaciones que han sufrido son las habituales de los habitantes de cuevas profundas: cuerpos largos y delgados, apéndices elongados, ojos reducidos y pérdida de la pigmentación.

Los picos de las altas montañas, las estepas subpolares carentes de hielo y las cuevas son los hábitats que podemos decir que constituyen la última frontera para las hormigas. Tras 150 millones de años de evolución, las hormigas han puesto un pie (técnicamente un tarso) en las cuevas. Es probable que en el futuro se encuentren más.

14

De regreso a casa

Las grandes hormigas rojizas y negras de la especie *Cataglyphis bicolor* corren sobre sus largas y delgadas patas por las salinas del desierto más cálido del norte de África y por las costas del mar Mediterráneo de dicho continente. Algunas de estas recolectoras consiguen comida para sus colonias lamiendo secreciones comestibles de la superficie de plantas. Otras son cazadoras, capturan cualquier insecto, algún bicho bola o cualquier criatura a la que puedan vencer. Entre sus presas comunes también encontramos hormigas de otras clases más vulnerables. En verano también se vuelven carroñeras, y recogen cuerpos de criaturas que han muerto por el calor y la desecación del suelo chamuscado.

Durante sus incursiones, las hormigas *Cataglyphis* se desplazan algo más de cien metros desde el nido de la colonia, el equivalente a muchos kilómetros para un ser humano. La entrada suele ser un simple agujero en el suelo, que luego se expande dando paso a una auténtica metrópolis de cámaras y galerías. Buscar su camino de regreso a casa, un pequeño agujerito en la superficie desértica, a menudo cargadas con comida para la colonia, requiere una serie de operaciones mentales dignas de un explorador humano. Gracias a toda una serie de importantes estudios realizados por el entomólogo suizo Rüdiger Wehner, de la Universidad de Zúrich, y sus colaboradores, sabemos que *Cataglyphis* utiliza una ingeniosa combinación de instintos y un impresionante conocimiento topográfico.

Al contrario de lo que pueda parecer, la aparente monotonía del hemisferio celestial bajo el cual las cazadoras *Cataglyphis* deambulan está lleno de información geográfica. Primero, aunque no cuentan con rascacielos y puentes con los que establecer un ángulo de dirección, sí que abundan las rocas, arbustos y depresiones. Al igual que las tan conocidas abejas melíferas, navegan guiándose por la luz directa del sol en una especie de navegación por estima utilizando postes indicadores que pasan inadvertidos para los humanos como los gradientes espaciales de luz polarizada, la composición espectral de la luz y la intensidad radiante, todas ellas formando señales a lo largo de toda la bóveda celeste.

Las obreras *Cataglyphis* errantes saben casi siempre dónde están. Cuando deciden regresar a casa, por ejemplo, y llevan una presa a cuestas o se acerca la noche, no pierden tiempo escalando hasta un puesto alto para buscar un punto de referencia ni exploran el alrededor en busca de un rastro odorífero que hayan dejado previamente. Corren directamente hacia la entrada del nido de la colonia.

En alguna ocasión sucede que, cuando la hormiga se dirige hacia el nido, se salta la entrada. Sin embargo, no todo está perdido. La hormiga sabe cuánto tiempo lleva viajando y es consciente de su error.

Gracias a una serie de ingeniosos experimentos, Rüdiger Wehner y su compañero Mandyam V. Srinivasan descubrieron el método mediante el cual la hormiga corrige su error. Así lo expresaron:

> Si una hormiga (*Cataglyphis bicolor*) que regresa al nido se pierde, no realiza caminatas aleatorias, sino que adopta una estrategia determinada. Durante su búsqueda, la hormiga realiza una serie de bucles cada vez más grandes, empezando y acabando en el punto de origen y apuntando hacia diferentes direcciones acimutales. Esta estrategia asegura que la zona central, donde hay más probabilidades de que se halle el nido, es la que se investiga con más intensidad.

Tras una hora de búsqueda continua, el área que ha cubierto la hormiga es de unos diez mil metros cuadrados, con el sistema de bucles centrado con precisión alrededor del origen. En la naturaleza, evidentemente, es difícil encontrar una hormiga *Cataglyphis* que esté en verdad perdida.

Una vez, antes de conocer la técnica que utilizan las hormigas *Cataglyphis* para regresar a casa, utilicé un procedimiento parecido cuando me perdí en la pluviselva amazónica. Había estado alojado en una estación del Fondo Mundial para la Naturaleza al norte de Manaos. Distraído por la rica variedad de especies de esta parte inalterada del bosque, y por culpa de un molesto loro que tenían como mascota los *mateiros* del campamento que disfrutaba postrándose sobre mí y clavándome los talones en el hombro, me introduje en la profundidad del bosque sin darme cuenta de que, de repente, me había salido del camino. No podía elegir una dirección al azar y caminar en línea recta con la esperanza de toparme con el camino. Eso empeoraría el problema. Si escogía una línea con un ángulo de desviación respecto al camino, podía acabar, días después, chapoteando en los pantanos de Venezuela o dudando en al-

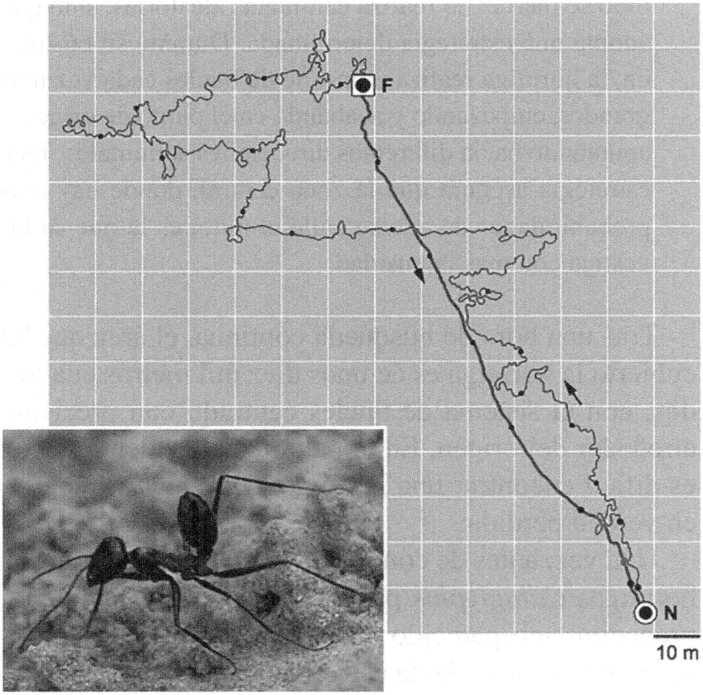

Una obrera de la hormiga del desierto *Cataglyphis fortis*, corriendo a gran velocidad con su segmento trasero apuntando hacia arriba, forrajeando a lo largo de un camino alejado del nido (N). Cuando encuentra comida (F) es capaz de regresar siguiendo una línea recta que la lleva hasta el nido. (Extraído de Rüdiger Wehner, *The Desert Navigator*, 2020.)

gún lugar lejano a orillas del río Amazonas. O peor: quedarme sentado y sufrir la humillación de tener que esperar a que me encontraran.

Durante un momento empecé a impacientarme, puede que como *Cataglyphis* cuando se da cuenta de que al final de su largo camino a casa no hay ninguna entrada. Piensa, piensa. Esta fue mi solución al estilo *Cataglyphis*: escogí un tronco grande y distintivo, visible, en la medida de lo posible, desde todos los ángulos. Caminé alrededor de él, memorizando la superficie de su parte inferior. Luego continué dando vueltas ampliando el diámetro en cada vuelta. En resumen, caminé creando una espiral logarítmica, hasta que fue inevitable que me cruzara con el camino. A mí me funcionó, seguro que a ti también.

Fotografía tomada en el lago Hart, en Australia Meridional, el hábitat de *Melophorus oblongiceps*, la equivalente australiana de la hormiga norteafricana del desierto *Cataglyphis fortis*. (Extraído de Rüdiger Wehner, *The Desert Navigator*, 2020, fotografía de Rüdiger Wehner.)

Una plataforma desde donde el equipo de Green Umbrella, financiado por la BBC, filma a *Cataglyphis* cerca de Mahrès, Túnez, para estudiar cómo se orienta (Extraído de Rüdiger Wehner, *The Desert Navigator*, 2020, fotografía de Rüdiger Wehner.)

Hay mirmecólogos que han descubierto, después de décadas de investigación, que algunas otras especies de hormigas utilizan métodos de orientación que son al menos igual de inteligentes que los bucles en expansión de *Cataglyphis*, dejando de lado la espiral logarítmica de Wilson.

Para mí, las más admirable de esas estrategias es la memorización de detalles del dosel forestal, descubierta por Bert Hölldobler. Mientras estudiaba hormigas en una pluviselva de Kenia, se dio cuenta de la existencia de un comportamiento extraño en obreras forrajeadoras de la hormiga depredadora de gran tamaño *Paltothyreus tarsatus*. Cuando una hormiga solitaria deambulaba por el suelo del bosque durante el día, por ejemplo, buscando alimento, se detenía ocasionalmente y levantaba la cabeza, como si estuviera examinando el cielo, o el dosel forestal. ¿Estaba buscando algo en el cielo o en el dosel, o en ambos lugares, con lo que orientarse en su viaje? Hölldobler obtuvo la respuesta gracias a uno de los experimentos más extraordinarios realizados con hormigas, tanto sobre el terreno como en el laboratorio. Primero, hizo fotografías del dosel de la pluviselva, tal como se veía verticalmente desde el suelo. Luego, capturó una colonia de *Paltothyreus* y se la llevó a su laboratorio de la Universidad de Harvard. Colocó las hormigas en un nido artificial en un escenario creado para la ocasión en el que las hormigas podían buscar alimento. Por encima del escenario, colocó un techo por el que podía pasar luz. Luego, recubrió el techo con fotos de la bóveda que había tomado en el bosque de Kenia.

A continuación, dejó que las hormigas *Paltothyreus* buscasen alimento en el escenario modificado y que, después de encontrarlo, lo transportaran hacia su nido artificial. ¿Estaban utilizando las fotografías para encontrar el camino? Si era así, pensaba Hölldobler, podría modificar la dirección en la que caminaban simplemente haciendo girar el techo sobre su eje y ver si las hormigas cambiaban su dirección en el mismo sentido. Y así fue. Dicho en pocas palabras, las hormigas *Paltothyreus* podían aprender y utilizar mapas.

Sospecho que saber volver a casa es todavía más importante para las colonias de hormigas que lo que han supuesto los investigadores, y que muchas de ellas poseen mecanismos más sofisticados de lo que creemos para regresar al nido. Piense en dos actividades en las que las hormigas muestran ser muy inteligentes. Pueden aprender las diferencias más sutiles existentes tanto en olores como en patrones complejos en mapas, aunque solo estén expuestas a ellos una sola vez, y luego recordarlos durante un largo tiempo, incluso, en algunos casos, durante el resto de sus vidas.

Los mirmecólogos también se han percatado, después de años de estudios, de que las obreras forrajeadoras experimentan un paisaje cambiante de olores minuto a minuto mientras se alejan de sus nidos en busca de comida. Rüdiger Wehner y sus colaboradores demostraron que la orientación visual de *Cataglyphis,* la hormiga del desierto, está muy desarrollada. Lógicamente, es posible que estas y otras hormigas perciban con una agudeza parecida los olores que se encuentran bajo sus tarsos (pies).

Con ese objetivo, Bert Hölldobler y yo descubrimos que las hormigas cortadoras de hojas secretaban una feromona sobre el suelo que les servía de ayuda para localizar la entrada al nido. Estábamos probando la teoría de otro investigador según la cual el olor de la colonia de hormigas se origina a partir de glándulas situadas en el extremo trasero de su gáster, el segmento posterior de la obrera. Encontramos evidencias de la producción de una o varias feromonas, pero la sustancia era un atrayente que conduce a las obreras hasta la entrada del nido en lugar de un extracto del olor de la colonia.

15

Aventuras mirmecológicas

Una de las alegrías que te llevas cuando estudias historia natural, llega en el momento en el que eres consciente de que todavía quedan muchas especies conocidas por estudiar. Entre las más de quince mil especies de hormigas que hay en el mundo existen algunas con unas características anatómicas únicas. Para los investigadores, tanto entomólogos profesionales como estudiantes, esto plantea cuestiones candentes. ¿Por qué son así? ¿Qué consiguen hacer? ¿Y cuál es su papel en el ecosistema que habitan? Mientras escribo, sigo realizando salidas al campo y animo a los científicos a que hagan lo mismo. Siempre tenemos algún misterio por resolver.

Por ejemplo, unas de las hormigas más abundantes del mundo son las dacetinas, hormigas generalmente muy pequeñas con mandíbulas muy largas que encajan como trampas de resorte. Pululan en la hojarasca y en el suelo de los bosques templados y de las selvas tropicales. Siendo todavía un estudiante de la Universidad de Alabama, me propuse averiguar de qué presas se alimentaban. ¿Por qué poseen esas trampas de resorte en lugar de tener las clásicas mandíbulas más sencillas que poseen las demás hormigas? Pronto aprendí que la respuesta es que la presa principal de las hormigas dacetinas son los colémbolos, capaces de saltar muy alto y alejarse de los depredadores ante la más ligera perturbación. En las pluviselvas de Sudamérica existe una dacetina relativamente gigante cuyo nombre genérico es *Daceton armigerum*, cuyos rasgos anatómicos sugieren que es muy cercana a sus parientes más pequeños. La primera vez que tuve la ocasión de visitar el hogar de *Daceton*, en Surinam, busqué una colonia para estudiar, encontré una en pleno bosque y obtuve mi respuesta respecto a esta Godzilla de las dacetinas. Las colonias anidan en cavidades de ramas muertas y en descomposición. Las obreras capturan toda una variedad de insectos más grandes que ellas con mandíbulas y aguijones convencionales. La caza mediante mandíbulas-trampa o cepo apareció más tarde en todo el mundo, en otras dacetinas que evolucionaron en algún momento del Mesozoico.

En diferentes expediciones, tuve tanto éxitos como fracasos. El éxito más satisfactorio fue el redescubrimiento de las últimas hormigas aneuretinas supervivientes. Estos peculiares insectos son lo suficientemente diferentes para merecer una subfamilia taxonómica entera, Aneuretinae, que se creía desde hacía mucho tiempo que se habían extinguido, después de tener mucha presencia durante el Mesozoico, algo que sabemos gracias a los fósiles. Entonces, a finales del siglo XIX, se recogieron en el Jardín Botánico de Peradeniya en Sri Lanka, un país que en esa época se llamaba Ceilán, dos especímenes de una especie viva bautizada posteriormente como *Aneuretus simoni*.

Para un joven biólogo de campo, las hormigas *Aneuretus* de Sri Lanka eran un objetivo principal. El hecho de que en la clasificación taxonómica hubiera merecido una subfamilia sugería que tenía una historia natural distintiva. Todo lo que se pudiera descubrir sobre ella sería de gran valor. Además, el hecho de que casi no estuviera presente en ninguna colección sugería a los científicos que tendrían que darse prisa para estudiarla y conservarla.

En 1955, viajé a Sri Lanka y busqué a fondo en los jardines de Peradeniya. No encontré ninguna *Aneuretus*. Lo mismo me ocurrió en las zonas boscosas del cercano Real Jardín Botánico. Luego viajé a Ratnapura, situada en el sur de la isla. Allí encontré una colonia viva de *Aneuretus*, y una numerosa población de la especie en la pluviselva cercana a Gilimale.

Otra aventura exitosa sobre los misterios de la historia natural de las hormigas tiene que ver con el género más extraño de todos, *Thaumatomyrmex*, que significa «hormiga milagro». Las partes mediana y trasera del cuerpo de tamaño medio de la obrera son las habituales para las hormigas, pero su cabeza es digna de un circo del horror de hexápodos. Cada mandíbula tiene la forma de las horcas utilizadas por los agricultores. Cada una de ellas consiste en una base plana que termina en una fila de protuberancias espinosas largas. Cuando se cierran las mandíbulas, las protuberancias de ambas se superponen y rodean la cabeza, con las puntas cruzadas en la parte posterior.

¡¿Cómo diablos caza y qué come esta extraña criatura dotada de ese formidable armamento?! (Esta es una cuestión científica muy seria, no solo una exclamación.) Decidí averiguarlo. Sabía que la mejor forma era localizar forrajeadoras de *Thaumatomyrmex* en su camino de regreso al nido transportando alguna presa. Pero las obreras *Thaumatomyrmex* son las hormigas más difíciles de encontrar de todas. Recogí exactamente dos en Cuba y una en México. Ninguna transportaba presa alguna.

Decidí entonces realizar un último esfuerzo para encontrar más hormigas y seguirlas hasta su nido. Dado que otros investigadores habían recogido especímenes en el bosque de La Selva, Costa Rica, el lugar donde se aloja la principal estación de la Organización de Estudios Tropicales (OTS, por sus siglas en inglés), decidí pasar una semana entera allí para resolver el misterio. Seguí caminos y me abrí paso a través de la variada

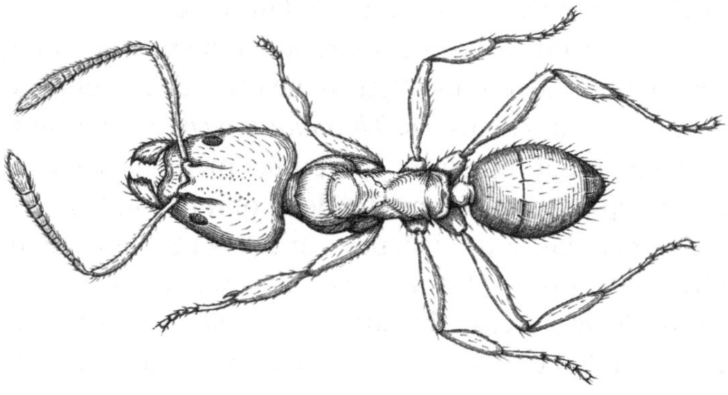

Una obrera de *Aneuretus simoni*, de la pluviselva de Gilimale, Sri Lanka. El grupo taxonómico al que pertenece esta especie de hormiga, la subfamilia Aneuretinae, prosperó durante la última parte del Mesozoico, pero se creyó extinto hasta que el autor encontró esta población en Sri Lanka. (Ilustración de Kristen Orr.)

vegetación, centrado en mi único objetivo. Vi muchas otras especies de hormigas, pero ninguna *Thaumatomyrmex*. Luego, mientras regresaba a casa desanimado, escribí un artículo en el boletín de mirmecología *Notes from Underground* en el que pedía a mis compañeros especialistas que trabajaban en los trópicos americanos si, por favor, podrían observar especímenes de *Thaumatomyrmex* para ver si así, entre todos, podíamos descubrir para qué utilizaban esas mandíbulas en forma de horca.

El artículo tuvo respuesta. Dos brasileños, Jorge L. M. Dinitz y Carlos Roberto F. Brandão, encontraron una *Thaumatomyrmex* que cargaba una presa y la siguieron hasta su nido. Christian Rabeling, quien más tarde se unió a nuestro grupo de Harvard como posdoctorando, encontró una obrera de *Thaumatomyrmex* portando una presa y pudo fotografiarla.

En ambos casos, la obrera estaba transportando un milpiés polixénido. El misterio quedó resuelto. Los polixénidos son los puercoespines de los milpiés; sus cuerpos blandos cilíndricos están cubiertos por cerdas densas capaces de repeler a la mayoría de los depredadores. Las cazadoras *Thaumatomyrmex* pueden ensartarlos insertando las púas de sus horcas entre las cerdas de los polixénidos. Cuando ya han llevado a la presa hasta la colonia, la hormiga utiliza otra adaptación, que hasta ese momento desconocíamos por completo. Poseen unas almohadillas rugosas en sus patas delanteras que utilizan para arrancar las cerdas de los milpiés, después de lo cual la colonia se alimenta de sus cuerpos blandos.

¿Existen otros objetivos comparables, desconocidos para la ciencia, que merezcan una atención especial?

Hay muchos. Diré tres de mis favoritos. La primera es *Santschiella kohli*, una especie extremadamente rara, y menos elusiva, conocida gracias a que se han recogido varias obreras en la pluviselva centroafricana de Gabón y de la República Democrática del Congo. Las obreras poseen unos ojos enormes (en proporción, los más grandes de todas las hormigas) que constituyen casi la mitad de la superficie dorsal de la cabeza, lo que obliga a desplazar la conexión de las antenas al frente de los ojos y no detrás, como ocurre con las demás hormigas conocidas. Es de suponer que *Santschiella* es arbórea, que viven en algún lugar del dosel superior de árboles o arbustos, pero se trata tan solo de una hipótesis. Otra especie con grandes ojos parecidos a los de *Santschiella* es *Gigantiops macrops*, una hormiga nativa de las pluviselvas sudamericanas. Anida en cavidades de ramas muertas que encuentra en el suelo.

Así pues, ¿de qué le sirve a *Santschiella* poseer unos ojos tan desproporcionadamente grandes? ¿Evita mejor a los depredadores o mejora su persecución de las presas durante sus desplazamientos diurnos? ¿Es posible que posea una forma todavía desconocida para nosotros de comunicación visual? Como hemos visto en otros casos, contar con una mejor visión puede facilitar la orientación durante largas distancias, como ocurre en muchas hormigas del desierto.

Otro de los objetivos principales de la mirmecología de campo es la hormiga legionaria *Cheliomyrmex*, una hormiga relativamente rara de los trópicos del Nuevo Mundo. Presenta la anatomía más primitiva de las hormigas legionarias (las que pertenecen a la subfamilia Ecitoninae). También es la menos estudiada. Cuando por fin encontramos sus colonias, sus hábitos subterráneos hacen que sea muy difícil seguirlas en su hábitat boscoso. Pero cualquier éxito que se alcance en su estudio sería científicamente muy bien acogido. Las hormigas legionarias ecitoninas no solo son, en su conjunto, únicas por sus ciclos de vida complejos; son algunas de las depredadoras más importantes, sobre todo de insectos y otros artrópodos, en los ambientes en los que habitan.

16

Las hormigas más rápidas del mundo, y las más lentas

Cada una de los miles de especies de hormigas que habitan la Tierra posee un rasgo característico que podríamos llamar ritmo o tempo, y que, básicamente, es la velocidad a la que viven sus castas de obreras. Algunas especies cazan su comida, construyen un nido y atienden a la reina madre a un ritmo frenético, mientras que otras especies apenas se arrastran. Las diferencias entre ellas son enormes. Aun así, ambas consiguen realizar todas las tareas necesarias.

Rápida, lenta o con velocidad media, cada especie tiene el ritmo que necesita para vivir en un nicho determinado. Para ver lo que es un ritmo alto y su importancia darwiniana, recomiendo un experimento que se puede realizar en la mayoría de las playas de las Antillas. Coloca un poco de comida, ya sea dulce o grasosa, en un lugar apropiado (por ejemplo, la base de una palmera) y espera tranquilamente cerca de allí. Tras más o menos una hora, compruebe el cebo. Seguro que estará lleno de hormigas, obreras de *Pheidole jelskii*. Las veloces obreras llegan, se alimentan del cebo durante un tiempo y luego se unen a una columna de obreras hermanas; algunas llegan y otras se van bien alimentadas al nido, situado a unos diez metros o más. Todas ellas llevan un ritmo frenético, como si este descubrimiento impidiera el final de su mundo.

Ve ahora a otra zona de la playa y fíjate en las obreras solitarias de la misma especie. Seguramente son exploradoras. Cualquiera que encuentre un fragmento de comida demasiado grande para transportarlo ella sola, correrá hacia su hogar más o menos en línea recta, dejando un rastro de olor en el camino para que sus compañeras de nido lo puedan seguir. Muchas de ellas salen a toda prisa hacia la comida recién descubierta. La colonia que descubra el tesoro se lo queda.

Pheidole jelskii es una especie cuyo ritmo es alto. Abunda en las playas, campos agrícolas, pistas de aterrizaje y otros entornos relativamente desnudos. Su ubicuidad en tales hábitats, mantenida en medio de una intensa competencia, es una prueba de que la velocidad es importante en algunos hábitats: un ritmo alto puede significar la supervivencia para algunas especies.

Es muy posible que las hormigas más rápidas de la Tierra, las que tienen el ritmo más alto, sean las obreras y las extrañas reinas parecidas a obreras del género *Ocymyrmex* («la hormiga veloz»). Sus treinta y cuatro especies conocidas se encuentran en el este y el sur de África. Prefieren los entornos cálidos y abiertos donde se alimentan, al menos en parte, de cuerpos de insectos y otros artrópodos que han muerto por culpa del intenso calor.

Ocymyrmex tiene un aspecto digno de un corredor. Sus cuerpos son aerodinámicos, con patas muy largas impulsadas por gruesos segmentos (las coxas) en su base. Las mandíbulas son estrechas; cuando se cierran se ajustan bien a la cabeza. Los espiráculos del cuerpo, los agujeros a través de los cuales renueva el aire, son excepcionalmente grandes.

Si las hormigas *Cataglyphis*, que viajan velozmente a lo largo de largas distancias en el desierto, son las maratonianas más rápidas del mundo de las hormigas, *Ocymyrmex*, mucho más veloces, aunque cubren distancias menores, son las velocistas.

Durante una visita que realicé a Mozambique en 2015, pude observar por primera vez una colonia de esta especie de hormigas tan extremadamente termófila y veloz. Junto a un pequeño grupo, viajé en helicóptero desde el parque nacional Gorongosa al delta del río Zambeze, donde pude estudiar y recolectar hormigas en el bosque costero de manglares rojos. En el camino de regreso a Gorongosa, paramos en la estación de un bosque situado tierra adentro que funcionaba como granja de maderas nobles para la producción de muebles de primera calidad.

Era cerca de mediodía, el aire era muy caliente y literalmente costaba respirar, cuando salí a un lodazal que se podría decir era el lugar más caluroso de toda la granja. Allí encontré un nido de *Ocymyrmex*. Solo tenía una entrada que daba paso a un sistema subterráneo de cámaras y galerías. Las obreras entraban y salían a toda prisa del nido, unas pocas se desplazaban hasta distancias indeterminadas, otras estaban ampliando el interior del nido.

Decidí recoger unos pocos especímenes de esta colonia para la colección de la Universidad de Harvard. Hasta el día de hoy, estas hormigas han demostrado ser las más difíciles de capturar de todas las especies que he recogido por todo el mundo. En primer lugar, cuando toqué el suelo que rodeaba el nido, estaba caliente como un horno, lo que dificultaba concentrarse en los detalles. Costaba mucho incluso seguirles la pista, ya que se estaban moviendo como si fueran un chisporroteo de gotas de agua en una sartén.

Aun así, insistí en que tenía que recolectar especímenes de *Ocymyrmex*. Con un tubo de ensayo con alcohol en la mano izquierda en el que iba a colocar los especímenes y mis pinzas favoritas, las Dumont N.º 5 de punta fina en la derecha, intenté atrapar obreras que, al menos durante unos pocos segundos, redujeran su velocidad. Tengo bastante práctica en recoger hormigas de una multitud, pero, en el caso de *Ocymyrmex,* no pude coger ni una sola. Si lo intentaba demasiado enérgicamente, la hormiga objetivo salía disparada fuera de mi alcance y se metía en el nido. A continuación, humedecí las partes finales de las pinzas e hice un barrido en los grupos de hormigas que corrían para ver si así una o dos se quedaban pegadas. Con otras hormigas es una estrategia que suele funcionar. Pero no con *Ocymyrmex*.

En esos momentos, el calor ya me resultaba insoportable, aguantaba por las hormigas. Estaba decidido a llevarme especímenes de vuelta a Harvard. Así que, fruto de la desesperación, esperé a que varias *Ocymyrmex* que se movían como cohetes estuvieran en un mismo espacio, y coloqué rápidamente la mano abierta sobre ellas. Mejor tener hormigas aplastadas, que no tener nada, pensé. Funcionó, aunque no del todo bien.

Ahora, con el fin de abarcar toda la gama de ritmos en el mundo de las hormigas, es necesario abandonar África y viajar hasta Centroamérica y Sudamérica, hogar de las basicerotinas, las hormigas más lentas y (lo que resultó ser un rasgo relacionado) las más sucias del mundo. Viven en las selvas tropicales y a menudo se las lla-

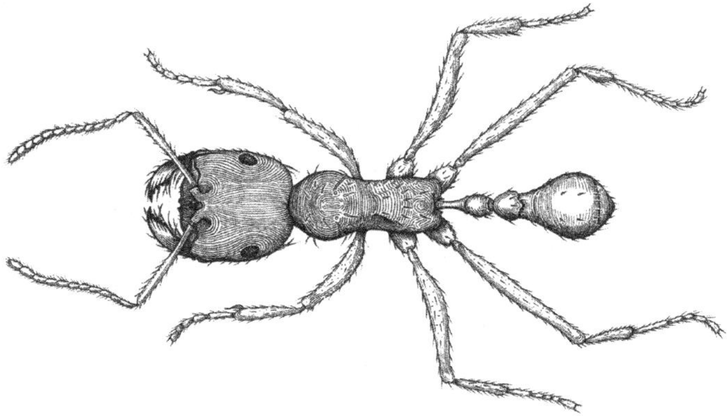

Obrera de *Ocymyrmex nitidulus*, perteneciente al grupo de especies de hormigas consideradas las más rápidas con relación a su tamaño. Cerca del río Zambeze, Mozambique. (Ilustración de Kristen Orr.)

ma «enigmáticas», lo que significa, en el vocabulario de la ecología, apartadas, difíciles de encontrar tanto para los depredadores como para los científicos por igual.

En 1984, junto a mi íntimo amigo y colaborador Bert Hölldobler visitamos Costa Rica y la Estación de Campo OTS en La Selva. Uno de nuestros objetivos era investigar la historia natural de *Basiceros manni*, una hormiga relativamente común, aunque escurridiza, que habita en los bosques. También pudimos llevarnos colonias a Harvard para posteriores estudios.

En casi todos los aspectos, las hormigas *Basiceros* son todo lo opuesto a las agitadas y veloces *Ocymyrmex*. De tamaño medio, la supervivencia de las obreras depende del camuflaje, no de la velocidad. Su color marrón opaco es muy parecido al de las hojas caídas y al moho en el que viven. Si no se las molesta, caminan lentamente. Cuando se ven expuestas por el repentino giro de una hoja o por una rama que ha caído, se quedan inmóviles, y pueden permanecer así durante muchos minutos. Las obreras de *Basiceros* son tan difíciles de ver que cuando la colonia queda mimetizada en medio de las hojas y el suelo dependemos del color blanco de los huevos y las larvas para poder encontrar su nido.

Las obreras de *Basiceros*, a diferencia de la mayoría de las hormigas, tiene como estrategia de caza la emboscada. No persiguen a sus presas. La acechan lentamente o esperan a que la presa se acerque lo suficiente para arremeter contra ella, golpearla y agarrarla. Son maestras de la discreción.

Hölldobler y yo pronto aprendimos que no es que el integumento pareciera sucio. Tenía adherido suciedad. Los cuerpos de *Basiceros* están cubiertos de pelos enroscados y con forma de pluma que atrapan polvo y otros detritos finos. Se convierten en cubos de basura andantes.

En la Universidad de Harvard, esta peculiar técnica de camuflaje dio lugar a un resultado extraño. Cuando regresamos con colonias vivas, alimentamos a las hormigas con moscas de la fruta sin alas y las alojamos en nidos construidos con yeso blanco. En un par de semanas, las hormigas se habían despojado de la mayor parte de su vestimenta de tierra y humus, y la reemplazaban con partículas finas de yeso. Habíamos creado, sin quererlo, la primera *Basiceros* blanca.

Se puede decir que, en cierto sentido, las hormigas nos vencieron. Fieles a su comportamiento instintivo y a su lenta velocidad, se habían vuelto de nuevo invisibles, esta vez en el laboratorio.

17

Parásitos sociales que manipulan colonias de hormigas

Gracias a 150 millones de años de evolución, los depredadores y los parásitos han explotado las colonias de hormigas gracias a una infinitud de estratagemas de invasión y engaño. Para poder aprovecharse de alguna pobre colonia de hormigas, los invasores han utilizado casi cualquier estrategia que se pueda imaginar dentro del ámbito de la biología de los artrópodos.

Una colonia está formada por una masa de cuerpos de hormigas cooperadoras, el nido que construyen y la comida que recolectan. Es un ecosistema pequeño e inestable. Casi parece hecho a medida para los parásitos. Su regla para tener éxito es sencilla. Sé un manipulador; penetra en la relativamente sencilla organización de la colonia y altérala para tu ventaja. Es muy fácil engañarlas. Después de todo, solo son insectos que viven gracias a un instinto que es fácilmente explotable.

Uno de esos ejemplos de manipulación instintiva lo protagoniza el pequeño escarabajo nitidúlido *Amphotis marginata*, que le roba la comida a la hormiga europea *Lasius fuliginosus*. Mientras están buscando, las hormigas suelen distribuir la comida que ingieren regurgitándola de una a otra. Para estimular el intercambio, una hormiga utiliza el pie para dar golpecitos sobre el labro o labrum de otra hormiga, una placa que cubre la boca y que sería el equivalente al labio superior de los humanos. La hormiga que recibe esa señal de una hermana responde regurgitando una gota de líquido para que se la beba la hermana. En el laboratorio, Bert Hölldobler ha sido capaz de obtener la misma respuesta golpeteando el labrum con un pelo humano. Seguramente, cualquier golpecito suave como ese sería suficiente.

El escarabajo *Amphotis* se introduce en la columna de *Lasius* y se gana la vida gracias a que es un experto a la hora de golpetear los labrum. Las hormigas obreras a las que estimula de esta manera suelen caer en el engaño y regurgitan una gota de líquido que mantienen entre sus mandíbulas abiertas mientras el escarabajo se la bebe.

Engañar a las hormigas, uno de los insectos más despiertos y agresivos de todos, es fácil pero peligroso. Es mucho más seguro cuando los parásitos adquieren un olor corporal que es neutral o incluso atractivo para la colonia de hormigas hospedadora. En ese caso, las hormigas o los ignora o, erróneamente, los llevan a casa como harían con una hermana que necesitara ayuda.

Una vez instalados dentro, los falsos ciudadanos invasores pueden provocar el caos que sea necesario para su propia supervivencia y reproducción. Dependiendo de la especie, se alimentan de los suministros que han traído sus hospedadoras o viajan con las hormigas forrajeadoras para encontrar alimento. Pueden vivir de la comida líquida que piden a sus hospedadoras, lamer las nutritivas secreciones oleosas de sus cuerpos, o rebuscar entre los cuerpos de las hormigas que mueren en el nido. O, finalmente, en una auténtica historia de horror artrópoda, pueden alimentarse de los miembros inmaduros de la colonia.

Las maquinaciones de los parásitos mejor adaptados son llevadas a cabo con un ingenio y una precisión impresionantes incluso para los estándares humanos. Algunos de los ejemplos más extremos se pueden encontrar entre los invitados de las hormigas legionarias, cuyas inmensas colonias de voraces carnívoras, sus vivacs de varios estratos, y sus vertederos de residuos apilados se podrían asemejar a Nueva York y a otras grandes ciudades. Carl Rettenmeyer, de la Universidad de Connecticut, colaboró con Theodore Schneirla en una serie de estudios pioneros sobre los ciclos de vida de las hormigas legionarias, que fueron los primeros en explorar detalladamente la urbanología del mundo de este insecto.

Rettenmeyer descubrió todo un conjunto de ingeniosas adaptaciones para vivir con las hormigas. Algunas son tan extremas que resultan extrañísimas. Hay pececillos de plata, miembros del orden de insectos Thysanura, que, al igual que los diminutos escarabajos limulódidos que estudié durante los primeros años de mi carrera, cabalgan sobre los cuerpos de las hormigas y se alimentan de sus secreciones oleosas. Hay escarabajos diminutos histéridos (*Euxenister*) que cabalgan sobre hormigas adultas no para lamer sus cuerpos, sino para bajarse de ellas ocasionalmente y comerse sus larvas.

Todavía más extraños son los estilos de vida de los ácaros, parientes diminutos de las garrapatas situados en los márgenes de la especialización evolutiva. Uno de ellos, como ya he dicho con anterioridad, se une a la superficie interna de las mandíbulas de la casta de soldados, equipadas con dientes afilados. Otro, con forma de bolsa, utiliza la forma de su cuerpo para agarrarse a la base de la antena de una soldado. Un tercero, que tiene mi voto como el más extraño de todos, es *Macrocheles rettenmeyeri*, bautizado así por su descubridor, que se agarra y chupa la sangre en el extremo de una pata trasera, y reduce la resistencia que ejercería en el soldado convirtiéndose en un segmento sustituto de la pata que inutiliza. Se podría decir que esta especie de hormiga legionaria (*Eciton dulcius*), es la «patrona» de los miembros artificiales.

Además de las invenciones anatómicas adoptadas por diversos organismos para explotar a las hormigas, también existe un conjunto mucho más sofisticado de técnicas para modificar el comportamiento de sus víctimas, especialmente el social, para así obtener el control de sus cuerpos. La idea, si es que se puede utilizar esa palabra, es modificar lo suficiente el comportamiento instintivo del hospedador para que aumenten las probabilidades de supervivencia y de reproducción del parásito, y no las de la víctima. El truco, siendo las hormigas las víctimas, ha sido modificado y utilizado por toda una variedad de hongos del género *Cordyceps*, helmintos (gusanos parásitos, nemátodos) y otras hormigas parásitas sociales.

La transformación más común consiste en que la hormiga busque un lugar alto y suba a él, de manera que cuando las crías del parásito emergen del cuerpo de la hospedadora, pueden viajar más lejos e infectar a más hormigas. La pesadilla que viven las hormigas *Formica* habitadas por los hongos *Cordyceps* ha sido documentada por Charissa de Bekker y sus colaboradores en el siguiente análisis sobre el fenómeno de manipulación social.

> Cuando los *Cordyceps* parasitan a sus hospedadoras, hacen que estas abandonen el nido, trepen por la vegetación y se anclen hasta morir. Parece que lo hacen a última hora de la tarde o al anochecer con una sincronización exquisitamente precisa del momento en el que se anclan [...] Las observaciones detalladas realizadas en el campo describen cómo las hormigas *Formica pratensis* y *Formica rufa* infectadas se mueven de una forma torpe. Las hormigas parasitadas abren y cierran las mandíbulas continuamente mientras escalan, antes de anclarse ellas mismas con la cabeza levantada. Los individuos manipulados también suben y bajan de la hoja y nunca regresan al suelo. El hongo desarrolla rizoides que anclan la hormiga al sustrato. Posteriormente, las hifas con esporas infectivas emergen de las regiones intersegmentales del mesosoma y el gáster.

Gracias a posteriores investigaciones sabemos que el hongo no altera la estructura del cerebro. Parece que, en cambio, secreta una sustancia que activa y altera programas ya presentes, mientras que bloquea otras respuestas más habituales.

18

Matabele, las hormigas guerreras de África

En las sabanas y en los bosques secos caducifolios del África Oriental, los animales dominantes no son los elefantes, los leones, los chimpancés ni ningún otro animal de gran tamaño. Son las termitas constructoras de montículos. Cada colonia está fundada por una única reina madre y su macho consorte. En plena madurez, cada nido-montículo contiene una descendencia que llega hasta los dos millones de individuos. Ese máximo se consigue gracias a la prodigiosa fertilidad de la reina, del tamaño de un pulgar. El récord, alcanzado en una colonia de laboratorio, fue de 86.400 huevos puestos en un solo día. Dado que la reina vive una media de diez años, y permanece protegida y alimentada generosamente en el nido, puede producir una descendencia de unos cien millones de individuos durante toda su vida.

El alimento de la colonia es un hongo simbiótico que crece en masas esponjosas situadas en cámaras especiales equivalentes a jardines. El aire del interior del nido se renueva gracias a túneles construidos a lo largo del nido que expulsan el aire caliente generado por los cuerpos de las termitas. El sustrato de los jardines consiste en fragmentos masticados de material vegetal muerto recolectado del suelo circundante al nido.

A medida que la colonia va creciendo, pasando de lo que sería una aldea a una ciudad, sus nidos aumentan de tamaño, hasta los tres metros de altura y diez de ancho. Sobre la mayoría de los nidos más grandes crece toda una variedad de plantas entre las que se pueden encontrar matorrales e incluso árboles. Los pájaros también se alimentan y construyen nidos sobre ellos y algunos pequeños mamíferos trepan hasta la cima para escrutar el terreno circundante.

Si uno se sienta cerca de un montículo en una noche tranquila, se puede escuchar un continuo y suave silbido, producido por los pies de miles de obreras que están fuera del nido, todos machos grandes en busca de fragmentos de plantas muertas para alimentar a los hongos simbióticos.

La colonia, con su gran cantidad de termitas y sus cultivos de hongos, es un objetivo principal para los depredadores. Eones de evolución han propiciado que las termitas construyan varias capas de defensa. La capa externa del nido es un robusto caparazón de suelo que sus habitantes han tratado con sustancias químicas. Si aun así fuera traspasado, la colonia lanza tres respuestas de emergencia. Las obreras expuestas corren a toda velocidad hacia el interior del nido. Las soldados se apresuran a salir para proteger la brecha. Están hechas para combatir, con cabezas duras y esclerotizadas, como cascos, y mandíbulas largas y afiladas que proyectan hacia delante y se cierran agarrando la presa gracias a su forma dentada.

La colonia está bien organizada cuando se produce una emergencia, por ejemplo, si un pangolín o un investigador científico rompen el nido. Cuando el peligro ha pasado, las soldados regresan y las obreras se agolpan para reparar el daño, la tercera respuesta a la emergencia.

Si cogemos una azuela o una pala, y excavamos en el lateral de un nido pequeño densamente poblado cerca de la superficie, y especialmente si continuamos excavando hasta llegar a uno de los jardines, veremos primero enjambres de obreras de color blanco pálido. Nada más ser descubiertas empiezan a desaparecer en los oscuros recovecos del interior del nido. Si volvemos una o dos horas más tarde, habrá regresado una gran cantidad de obreras para cubrir la brecha con bolitas húmedas hechas a partir de excrementos. La mayoría de los soldados se han ido. Si regresamos al día siguiente, veremos que el daño ha sido completamente reparado.

Una ley virtual de la historia natural científica es que, si pasa el tiempo suficiente, por cada presa potencialmente rica que evoluciona, aparecerá un depredador especializado para explotarla. (Esta regla incluye a los parásitos, que pueden definirse como depredadores que se comen a su presa en unidades menores de uno.) Una especialista en termitas creadoras de montículos que he podido estudiar en el parque nacional de Gorongosa, en Mozambique, es la hormiga matabele, cuyo nombre científico es *Megaponera analis* (véase la ilustración que aparece en el frontispicio). Se trata de una hormiga inusualmente grande, revestida de una pesada armadura quitinosa y capaz de viajar velozmente en grupos organizados. Parece programada para darse un festín de termitas constructoras de montículos. El nombre local común es muy apropiado: hace referencia a los feroces «Hombres de los Escudos Largos», de Zimbabue occidental.

Las hormigas matabele poseen un aguijón aterrador, el peor que he encontrado en las hormigas, diseñado evidentemente para enviar un mensaje duradero a cualquier pájaro o mamífero que sienta la tentación de comerse una. Cuando estuve en Gorongosa, cogí una obrera para examinarla más de cerca (e inmediatamente después juré que sería la última vez que lo hacía). La matabele rechinó las mandíbulas de forma impresionante, luego dobló el gáster (la parte del cuerpo que se encuentra justo detrás de la cintura) hacia delante y clavó un largo aguijón en la carne de mi dedo índice. En una supuesta escala de dolor, sería parecido al provocado por una avispa, puede que por dos o tres avispas a la vez. La dejé caer ilesa, una de las pocas hormigas que en mi larga carrera entomológica me derrotó sin ayuda alguna.

¿Es el aguijón de la matabele el más dañino de todas las hormigas del mundo? La competidora más seria es la gigante *Paraponera clavata* de las selvas tropicales de Centroamérica y Sudamérica. Una demostración de su potencia es que en algunas zonas su nombre común en español es Dos Semanas, que es lo que tardas en recuperarte de su picadura. Al menos una tribu indígena de Sudamérica ha utilizado hormigas *Paraponera* para la ceremonia que celebra el paso de la niñez a la edad adulta. Se rumorea que el gran mirmecólogo William Morton Wheeler se desmayó tras ser picado por una en la isla Barro Colorado, en Panamá. Por suerte, las colonias son pequeñas y las obreras no son ni agresivas ni rápidas.

Una incursión de hormigas matabele sobre un nido de termitas es uno de los espectáculos más impresionantes de la vida salvaje de África. Presenciar cómo una columna marcha para recolectar termitas justifica haber hecho una caminata desde el campamento. Cuando acaba la batalla, se produce uno de los fenómenos más asombrosos que conozco de toda la biología tropical. El objetivo de las incursoras no es robar los jardines de las cultivadoras de hongos. Van por los cuerpos de las termitas jardineras y, en particular, por los de las que han muerto en la batalla.

Para las matabele, la guerra es una cacería en busca de comida.

Una incursión de las matabele empieza con una única exploradora que encuentra e inspecciona un montículo de termitas que se halla a una distancia aceptable del propio nido. Está buscando alguna entrada, o una grieta accidental a través de la cual acceder a las termitas. Si tiene éxito, la exploradora corre de regreso al nido, en línea recta, dejando un rastro químico con el cuerpo a lo largo de todo el trayecto. La sustancia es una poderosa feromona que pondrá en marcha a un batallón de cazadoras. Forman y corren en una columna del ancho de varias hormigas hasta llegar a la brecha detectada en el montículo de termitas.

Las incursoras son como los *impi*, los guerreros matabele humanos. Su proceder no es como el de la mayoría de las hormigas, dando vueltas alrededor del nido y regresando ocasionalmente al nido propio. Para las matabele es un todo o nada. La unidad es una necesidad. Casi de inmediato, nada más entrar, las hormigas matabele se enfrentan a un enjambre igualmente fiero de termitas. Las invasoras se muestran impasibles y superan a las defensoras; las matan y reúnen los cuerpos de las termitas soldado muertas, junto a algunas obreras que se encuentran, y regresan a casa. Una única hormiga obrera matabele puede transportar hasta diez termitas muertas en sus mandíbulas.

Hasta donde sé, las matabele no ocupan el montículo después de su victoria. Solo quieren saquearlo.

19

Guerra y esclavitud entre las hormigas

En 1854, en su clásico *Walden, o la vida en los bosques*, Henry David Thoreau describió lo que creyó que era una guerra entre dos especies de hormigas.

> Un día, cuando me dirigía a mi leñera, o más bien al montón de tocones, me fijé en dos grandes hormigas, una roja, la otra mucho mayor, casi de centímetro y medio de largo y negra, peleando furiosamente entre sí. Una vez que se habían agarrado, ya no se soltaron, sino que lucharon y se revolcaron sin tregua sobre las astillas. Presté atención y al ver que en los leños peleaban muchos combatientes entendí que no se trataba, pues, de un *duellum,* sino de un *bellum* entre dos razas de hormigas, con la roja desafiando siempre a la negra, y a menudo con dos de las primeras atacando a una de las segundas.

¿Era una guerra lo que observó Thoreau, tal como creyó, o era otra cosa? Según mi propia experiencia de décadas observando hormigas en Norteamérica, las batallas como esta entre dos especies diferentes suelen ser incursiones en busca de esclavas, en este caso, una esclavista roja, seguramente *Polyergus lucidus* o un miembro del grupo de especies *Formica subintegra*, en una incursión sobre un nido de una especie negra vulnerable, posiblemente la común *Formica subsericea*.

Las incursiones y la resistencia de las colonias a ser asaltadas dan lugar a un feroz combate, pero la esclavitud, en la mayoría de los casos, no tiene mucho que ver con la protagonizada por los seres humanos. Se parecería más a la captura y domesticación de animales salvajes.

Las obreras de las especies de hormigas esclavistas están programadas por instinto para atacar colonias de especies parecidas. Tienen un único objetivo: las pupas de la colonia que atacan. Estas cautivas, generalmente después de una agria resistencia de las residentes adultas, son transportadas ilesas hasta el nido de las incursoras y se les permite, después de unos pocos días o semanas, eclosionar de su envoltura pupal como hormigas adultas completamente formadas. Hasta donde sabemos, todas las hormigas poseen un rasgo que les permite convertirse en esclavas: las adultas que acaban de emerger adquieren el olor de la colonia en la que han eclosionado. El resultado es que aceptan a las hermanas incursoras como hermanas, y estas, a su vez, también las aceptan. Añadir a las devotas adultas al grupo de obreras mediante cualquier medio supone una gran ventaja para la colonia cuando compite con otras colonias de la misma especie.

El método mediante el cual las hormigas adquieren el olor de la colonia fue descubierto por la pionera bióloga del comportamiento Adele M. Fielde, a principios del siglo XX. Gracias a este mecanismo, es posible crear colonias cuyos miembros varían radicalmente en tamaño y anatomía. Por ejemplo, especies grandes y espinosas se pueden combinar con otras pequeñas y de cuerpos suaves.

En las zonas templadas del norte de Norteamérica, Europa y Asia, la esclavitud es común entre las hormigas, en especial en la subfamilia Formicinae. Un grupo de especies esclavistas, las que componen el género *Polyergus*, de color marrón rojizo brillante, tienen un comportamiento y una anatomía muy desarrollados para su oficio. Durante las incursiones, en general contra hormigas *Formica* de color oscuro, utilizan con gran celeridad y violencia sus mandíbulas dotadas de protuberancias afiladas.

Hay varias candidatas entre la rica fauna de hormigas de Nueva Inglaterra que podrían haber protagonizado una incursión como la que Thoreau calificó como guerra. Pero no lo podemos afirmar con seguridad, sobre todo porque, según su descripción, una especie era mucho mayor que la otra. A pesar de sus grandes dotes como observador, no recolectó especímenes de las hormigas para que los futuros entomólogos pudieran estudiarlas e identificarlas. Es una pena, porque entre su círculo de amigos, además de Ralph Waldo Emerson, estaba Louis Agassiz, quien en la época de la *bellum* de hormigas de Thoreau estaba construyendo y equipando el Museo de Zoología Comparada de Harvard, hogar actual de la colección científica de hormigas más grande del mundo.

Desde entonces, hemos descubierto toda una variedad extraordinaria de comportamientos parásitos o belicosos asociados a la esclavitud entre las hormigas. Siendo un estudiante de posgrado de Harvard descubrí, en el Parque Nacional Yosemite, una colonia de la hormiga esclavista *Formica wheeleri* con dos especies esclavas. Una participaba en una incursión cuando me topé con ella. Junto a las incursoras iban las obreras de una tercera especie de *Formica* que era evidente que servían como jenízaros (soldados asistentes) de los salteadores. Cuando excavé en el nido, encontré hormigas de una cuarta especie de *Formica*, acurrucadas con los huevos, larvas y pupas de los salteadores. Era evidente que actuaban como cuidadoras.

Unos treinta años más tarde, mientras pronunciaba un discurso para los gestores de los Parques Nacionales de Estados Unidos, «confesé» que había excavado en un nido de hormigas en Yosemite, y pedí perdón por lo que, en ese momento, vi que había sido una transgresión. Cuando me presentaron en un segundo discurso que di varios años después, el director del Sistema de Parques Nacionales me concedió el perdón y me dio un permiso bellamente decorado para recoger *una obrera adicional* de la misma especie saqueadora en el Parque Nacional de Yosemite.

¿Es el secuestro de esclavas una vía muerta evolutiva para la especie que la adopta? No del todo, pero la cosa puede complicarse aún más. Podemos encontrar un ejemplo llamativo en el género socialmente parásito *Strongylognathus*, que vive en Europa y Asia. La mayoría de las especies de *Strongylognathus* llevan a cabo incursiones en busca de esclavas, utilizando las mandíbulas para dominar a sus víctimas. En una de esas especies, *Strongylognathus testaceus*, las obreras han perdido su espíritu luchador. En cambio, la recién apareada reina de *Strongylognathus testaceus* se introduce en la colonia hospedadora y se coloca cerca de la reina. A partir de ahí, las obreras hospedadoras cuidan de la reina parásita de la misma forma que hacen con su propia madre. Las hijas nacidas de la reina parásita son amistosas con sus anfitrionas, pero no realizan ningún trabajo.

Otra hormiga esclavista americana, *Formica subintegra* ha dado un paso más: es una experta de la propaganda. La glándula de Dufour emite una feromona que alerta a las compañeras de nido de la presencia de peligro. En el caso de *Formica subintegra*, la glándula es enorme, ocupa hasta una tercera parte del volumen del gáster, el segmento trasero del cuerpo. Las obreras rocían con sus secreciones a las hormigas residentes durante las incursiones en busca de esclavas. Estas secreciones son tan potentes que crean pánico en la colonia que es atacada, y hace más fácil para las incursoras penetrar en las cámaras donde se hallan las crías y llevarse las pupas para convertirlas en futuras esclavas.

20

Muertos vivientes

Todos los cadáveres son un ecosistema. Cada pájaro que ha caído, cada pez que ha acabado en tierra, cada ballena varada en la playa, cada tronco en descomposición o cada flor arrancada están destinados a dejar de ser un conglomerado de moléculas gigantes, el sistema más complejo de todo el universo conocido, y convertirse en un amasijo de moléculas orgánicas más pequeñas. El proceso de descomposición está impulsado por los carroñeros, en la naturaleza empieza con buitres y moscas azules, y acaba con hongos y bacterias.

¿Qué hacen las hormigas con sus cadáveres? Muchas especies transportan hasta el nido a los miembros de la colonia que han quedado gravemente heridos en el campo y allí se los comen. Si las heridas son moderadas, puede que les permitan vivir y curarse. A la mayoría de las hormigas guerreras que mueren en la batalla fuera del nido nunca se les lleva de regreso a casa. Acaban en las mandíbulas y picos de los depredadores.

Una hormiga que muere en el interior del nido por su elevada edad o por enfermedad, simplemente se detiene o se cae de lado con las patas encogidas. En la mayoría de los casos, se le permite permanecer en ese lugar. Tras unos pocos días, una compañera la recoge y la saca del nido o la lleva hasta un montón de desechos acumulados en una de las cámaras. En esta cámara cementerio también se tiran toda una serie de desechos, entre ellos, los restos incomestibles de las presas. No se celebra ceremonia alguna.

Cuando estaba empezando a estudiar la comunicación química en las hormigas se me ocurrió que, seguramente, los cuerpos de las muertas eran reconocidos por las demás por el olor de su descomposición. La señal que provoca que las hormigas se encarguen de eliminar el cadáver debe de ser una o varias de las sustancias que solo están presentes en los insectos muertos. Si hemos demostrado que las hormigas vivas utilizan ese tipo de moléculas para poner en marcha un comportamiento social instintivo al servicio de la colonia, ¿por qué no también una vez muertas?

Tuve la fortuna en esa época de encontrar un relato publicado en el que se identificaban las sustancias halladas en cucarachas muertas. Utilizando este trabajo como guía, me decidí a averiguar cuáles eran las sustancias químicas que estimulan el comportamiento necrofórico (eliminación de los cadáveres) en las hormigas.

Primero trituré cuerpos de hormigas en descomposición. Coloqué gotitas de este material en «muñequitos» a modo de réplicas de hormigas muertas hechos de motas de bálsamo del tamaño de las obreras. Cuando las introducía en los nidos de las colonias de laboratorio de hormigas recolectoras, las obreras los cogían y los llevaban rápidamente a la pila de desechos. Así pues, tenía un bioensayo que funcionaba, el paso esencial en la experimentación biológica. Al mismo tiempo, obtuve muestras sintéticas, químicamente puras de las cucarachas podridas. Durante un rato, el laboratorio olía débilmente a una mezcla de morgue y alcantarilla. (Dos de las sustancias, por ejemplo, eran los terpenoides indol y escatol, elementos que aparecen en las heces de los mamíferos.) La mayoría de las sustancias probadas causaban excitación y conseguían que las hormigas dieran vueltas en círculo de forma agresiva, pero no provocaban que retirasen el cuerpo inmediatamente. Mientras que los pedacitos de bálsamo tratados con sustancias olorosas que colocaba en el nido eran atacados o simplemente ignorados, aquellos que portaban indol o escatol eran recogidos y transportados al cementerio.

No hay procedimiento que le resulte más placentero a un biólogo que un experimento que funcione. Este fue exitoso, al menos en el caso de las hormigas recolectoras de Florida, y lo repetía para que lo vieran las visitas hasta que empecé a aburrirme. Así que me planteé una nueva pregunta: ¿qué sucedería si embadurnase a una obrera viva y sana con una de las sustancias producto de la descomposición de los cuerpos?

El resultado fue muy satisfactorio. Las hormigas obreras que se topaban con sus compañeras embadurnadas las recogían, las llevaban vivas al cementerio, las tiraban allí y se marchaban. La enterradora se mostraba relativamente calmada, como si fuera algo habitual. Los muertos han de ir con los muertos.

Las hormigas embadurnadas hicieron lo que tú y yo haríamos si nos disfrazáramos de zombis: nos daríamos un baño. Es lo que suelen hacer las hormigas cuando cae sobre sus cuerpos un material no deseado. Hacen pasar los segmentos exteriores flexibles de las antenas, los funículos, a través de estructuras en forma de peine que poseen en las patas delanteras. Se chupan tanto como pueden el cuerpo y las patas con sus lenguas con forma de yema. Enrollan el gáster, la parte trasera del cuerpo tan hacia delante como les es posible, y lo limpian y lo lavan. Se dan un típico «baño fórmico».

Luego regresan a los compartimentos principales del nido. Si se han quitado de encima la suficiente sustancia necrofórica, son aceptadas de nuevo. Si no es así, sus compañeras las vuelven a llevar al cementerio. Continúan lavándose y puede que otras las ayuden. Esperan. Con el tiempo, si han podido eliminar los contaminantes o al menos se han disipado lo suficiente, se vuelven a unir a los vivos.

21

Ganaderas diminutas de África

Puede que las hormigas físicamente más extrañas del mundo sean las cinco especies conocidas del género *Melissotarsus,* que se pueden encontrar en diversas zonas del África tropical, Madagascar y las islas Comoras. Tanto la reina como las obreras *Melissotarsus* son fácilmente reconocibles gracias a su cuerpo extrañamente achaparrado, con una sección media totalmente soldada y cubierta por unos canales bien definidos, aunque sin ninguna de las suturas ni uniones típicas de las hormigas, además de una coxa enorme que une las patas al cuerpo, una cabeza sobredimensionada y antenas cortas formadas por siete segmentos (cuando la mayoría de las clases de hormigas tienen entre diez y doce). Nunca he visto una *Melissotarsus* viva. Espero remediarlo cuando vuelva a visitar el parque nacional Gorongosa en Mozambique. Me acompañará Piotr Naskrecki, el biólogo del parque, quien, por sus conocimientos y logros en este campo, es uno de los mejores naturalistas que jamás he conocido. Me ha prometido que veremos una colonia de *Melissotarsus.*

Los dos sabemos que encontrarla será una tarea complicada y difícil. *Melissotarsus* vive solo en la madera sana y bajo la corteza de árboles vivos, donde excava galerías y cámaras que compondrán su nido.

Hasta donde sabemos, las obreras nunca abandonan su fortaleza. En lugar de eso, están especialmente adaptadas a viajar a través de los túneles que han excavado. Se mueven sobre sus patas delanteras y traseras, mientras levantan las patas medias para tocar el techo al tiempo que se desplazan. En resumen, se van abriendo paso en los túneles de su propia casa. Se dice que cuando las sacas de su nido y las colocas a cielo abierto sobre una superficie plana, sin ningún techo que tocar, son incapaces de caminar. Veremos.

Si las colonias de *Melissotarsus* se encuentran confinadas en el xilema vivo en el que han creado sus nidos, ¿qué comen? La respuesta puede que sea lo más extraño de ellas. Pastorean «ganado».

Dentro del nido de *Melissotarsus* viven insectos escama o cocoideos (conocidos también como cochini-

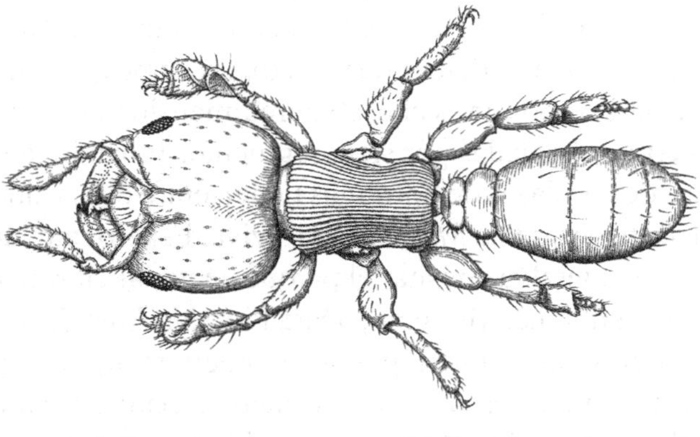

Obrera de la hormiga «ganadera», *Melissotarsus beccarii*, del África tropical. (Ilustración de Kristen Orr.)

llas), protegidos y atendidos por las hormigas. Este tipo de simbiosis es muy común entre las hormigas. A cambio, los insectos escama (cochinillas harinosas, áfidos y otros insectos homópteros), producen gotitas de excremento ricas en azúcares y aminoácidos. La forma habitual y más simple de intercambio es la siguiente: las hormigas obreras viajan desde sus nidos hasta donde se hallan los homópteros que se alimentan de plantas. En versiones más avanzadas de esta relación, los homópteros viven como invitados dentro de los nidos de las hormigas, alimentándose de las raíces y otras partes protegidas de las plantas. Los invitados proporcionan una fuente constante de alimento líquido a sus hormigas hospedadoras. Cuando las proteínas escasean porque la caza ha sido menos exitosa, las colonias tienen la opción de matar y comerse a sus invitados homópteros.

Las cochinillas armadas (Diaspididae) que viven con las colonias de *Melissotarsus* no producen alimentos nutritivos en sus excrementos. Evidentemente, sus hospedadoras las matan y se las comen, con cautela, para obtener de ellas las proteínas directamente. Las hormigas *Melissotarsus* son pastoras, no granjeras.

22

Mandíbulas-trampa frente a colas de resorte

Las mandíbulas de las hormigas dacetinas funcionan como las trampas para ratones, aunque su estructura es radicalmente diferente. Armadas con espinas en los extremos y, a lo largo de los márgenes internos, filas de dientes tan afilados como agujas quirúrgicas, golpean a sus presas con uno de los movimientos orgánicos más rápidos conocido de todo el mundo vivo.

Cuando nota que una presa está cerca, una cazadora dacetina, ya sea una diminuta *Strumigenys* que se arrastra por el suelo y entre la hojarasca o la relativamente gigante *Daceton* patrullando la copa de un árbol, abre las mandíbulas al máximo. (En algunas especies, el ángulo de abertura es de algo más de 180 grados.) Unos músculos que ocupan toda la parte trasera de la cabeza se encargan de tensar la mandíbula, la cual queda abierta y bloqueada gracias a unos retenes móviles situados en el labro. Cuando la hormiga tira del labro hacia atrás, las mandíbulas se liberan, atrapando (con los dientes por delante) todo lo que hubiera podido quedar entre ellas.

El golpe de una dacetina es tan rápido que no se puede seguir a simple vista. Los análisis por video han revelado que el impulso nervioso que va desde el cerebro hasta el labro, seguido de la liberación de las mandíbulas, tarda solo 5 milésimas de segundo. El golpe que sigue se completa en 2,5 milésimas de segundo.

El movimiento lento seguido de una rapidez explosiva es el sello de los cientos de especies que componen la tribu taxonómica Dacetini. Las dacetinas más pequeñas también son unas de las hormigas más comunes en las regiones más cálidas del planeta.

Experimentos de laboratorio recientes han revelado que en una especie del género primitivo y extendido de hormigas *Odontomachus* se produce un golpe explosivo equivalente. Mi primer encuentro con una de estas especies, *Odontomachus brunneus* se produjo cuando, de niño, estaba excavando una colonia en Alabama. Sufrí en mis propias carnes la doble arma de la mandíbula-trampa: el *shock* del mordisco de la mandíbula seguido casi instantáneamente por el ardor de la picadura.

La evolución ha dotado, de manera independiente, de una trampa similar a una especie relativamente primitiva, *Mystrium camillae*, de Madagascar. Los extremos de las mandíbulas están encajados, luego se deslizan con fuerza una sobre la otra y se liberan explosivamente (como el chasquido del dedo medio presionando contra el pulgar). La velocidad a la que *Mystrium* realiza este movimiento es de unos 90 metros por segundo, o, en la medida que nos es más familiar, 324 kilómetros por hora. Si tenemos en cuenta el diminuto tamaño de una hormiga, esta velocidad constituye otro récord del mundo biológico.

Se pueden encontrar dacetinas en casi cualquier parte del mundo. Alcanzan su máxima diversidad y abundancia en los bosques tropicales y cálidos. La vez que se ha visto una más al norte fue cuando, en 1950, el difunto William L. Brown, un distinguido mirmecólogo y mi mentor en la Universidad de Harvard, encontró ejemplares en la propia universidad. Para aquellos expertos que quieran batir ese récord, diré que la colonia que encontró era de hormigas *Strumigenys* que vivían en una franja de terreno llena de hierbas en la base de la estatua del rinoceronte situada a la derecha de la entrada principal de los Laboratorios Biológicos de Harvard. Las hormigas se habían ido cuando llegué a Harvard, en 1951, y ninguna ha regresado en los casi setenta años en los que he estado allí.

Bill Brown, quien en 1950 era un doctorando de Harvard, reorganizó, ayudado por mi esposa, Doris, la colección de hormigas del Museo de Zoología Comparada de la universidad, la cual llevaba sin ser actualizada desde la muerte de William Morton Wheeler, en 1937. Su entusiasmo por las hormigas y por las dacetinas en particular era contagioso para un recién llegado. Pronto me tuvo trabajando a su lado.

«Wilson —me escribió mientras yo todavía era un estudiante de la Universidad de Alabama—, hay un montón de especies de dacetinas en el sudeste de Estados Unidos, donde vives. Algunas todavía son desconocidas para la ciencia. Necesito ver todas las que puedas conseguir. Recolecta las que puedas en Alabama y mándamelas.»

Más adelante, me invitó a realizar una investigación más amplia sobre las hormigas: «Wilson —me instó—, averigua qué es lo que comen las dacetinas. ¿Qué cazan y atrapan arrastrándose por ahí con esas extrañas mandíbulas?».

Incluso sin el estímulo de Brown, me hubiera sentido fascinado por estas pequeñas hormigas, ya que era algo que nos entusiasmaba a ambos. Nos planteaban cuestiones fundamentales. ¿Cuál es su lugar en la biosfera? ¿Qué atrapan y comen? Pero un científico no podía limitarse a ir al campo y seguirlas, tomando nota de su dieta. Encontrar un nido de dacetinas ya era bastante difícil, ni que decir tiene perseguir a las pequeñas cazadoras mientras van en busca de alimento a través de hojas caídas y dentro de la corteza de troncos podridos.

Resolví el problema gracias a lo que llamé «método de la cafetería»: en lugar de seguir a las hormigas mientras estas se desplazaban por su entorno, llevé la comida a las hormigas.

Mi cafetería es un nido artificial, un bloque rectangular de yeso de un tamaño aproximado al del zapato de un hombre, que contiene dos cámaras amplias, una junto a la otra, conectadas por un canal estrecho que permite a las hormigas pasar de un lado al otro. El techo de cada cámara es un panel de vidrio. Encima de una está montado otro panel, de color rojo, que las hormigas ven como oscuro. Una colonia de hormigas situada en cualquier cámara escogerá la oscura y la convertirá en su nido, siempre que lo permitan las circunstancias.

Y este es el experimento. En la cámara luminosa se coloca una muestra de suelo con hojarasca, madera en descomposición u otro microhábitat que contenga una variedad de presas potenciales, especialmente aquellas que se encuentren en las inmediaciones del lugar en el que se encontró la colonia. Cuando se lleven el botín al nido podremos saber las presas que han seleccionado. Ácaros, arañas, esquizómidos, ciempiés, milpiés, nemátodos, lombrices de tierra, moscas, escarabajos en gran cantidad, termitas y otras clases de hormigas forman parte de su (casi) interminable menú.

El método de la cafetería, en el que las hormigas seleccionan su propia comida en un espacio que simula su entorno natural, ha funcionado bastante bien. Lo he utilizado para aclarar otro misterio de las selvas tropicales de América que me fascinaba: ¿por qué en los bosques hay tantas colonias de diminutas obreras del género *Pheidole* en todas partes y además están tan atestadas? Su prevalencia debía ser importante para la armonía del ecosistema, pero ¿cómo? ¿Qué hacen para ser tan exitosas? ¿Son los sitios de nidificación que escogen y luego alteran? Por mi experiencia de campo con muchas colonias en Centroamérica y Sudamérica, dudaba mucho de que lo que importase fuera el lugar elegido para anidar. Las hormigas eligían lugares que ya eran óptimos para ellas, en lugar de crear unos nuevos. Entonces, quizá podía ser la comida: tenía que ser variada y lo suficientemente especializada para que la hormiga escogiera ese lugar. Cuando se trataba de buscar alguna respuesta, utilizaba el experimento de la cafetería.

La respuesta que obtuve fue toda una sorpresa. ¡Ácaros oribátidos! Las hormigas *Pheidole* recolectaban estos pequeños e inofensivos comedores esféricos de hongos en grandes cantidades, como calabazas en un jardín otoñal. Cada hormiga era capaz por sí sola, aunque a menudo con alguna dificultad, de transportar hasta el nido un ácaro vivo, una bolita con patas que se agitan, para ser finalmente compartido como alimento con sus compañeras.

Lo que descubrí respecto a las presas de las diminutas dacetinas fue todavía más sorprendente. El género dominante, *Strumigenys*, recogía y traía hasta el nido artificial una amplia variedad de artrópodos pequeños, sin alas y de cuerpo blando, incluidos colémbolos. Descartaron ácaros de todo tipo y los colémbolos de la familia Poduridae, estos últimos bien conocidos por portar defensas químicas venenosas contra los depredadores. La presa favorita, de entre toda la variedad disponible, eran los colémbolos de la familia Entomobryidae. Estos pequeños insectos son famosos por su habilidad para eludir el peligro saltando cuando se encuentran con sus enemigos, muy abundante en la hojarasca de las selvas de todo el mundo.

Descubrí que *Strumigenys*, la hormiga con mandíbula-trampa, y los colémbolos saltarines de la familia Entomobryidae viven en una guerra constante, cada uno de ellos utilizando sus propios mecanismos explosivos, uno para capturar, el otro para evitar ser capturado.

Las especies de *Strumigenys* se han adaptado a una amplia variedad de técnicas de caza utilizando las mandíbulas-trampa tras acechar a la presa de diferentes formas. Las obreras de *Strumigenys louisianae*, una especie muy común a lo largo de todo el sudeste de Estados Unidos, son más atrevidas y directas que la mayoría de las especies pequeñas del género. Su confianza es la consecuencia de poseer unas mandíbulas más eficientes al ser más largas y contar con

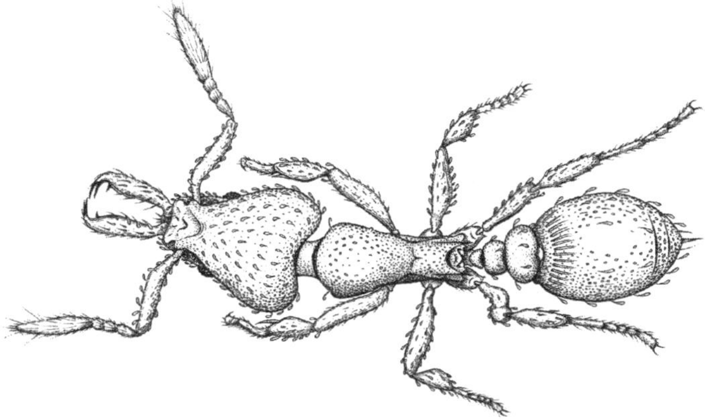

Un ejemplo clásico de hormiga que utiliza la mandíbula-trampa para capturar presas veloces es la pequeña *Strumigenys louisianae*, que se puede encontrar en la mayor parte de Estados Unidos. (Ilustración de Kristen Orr.)

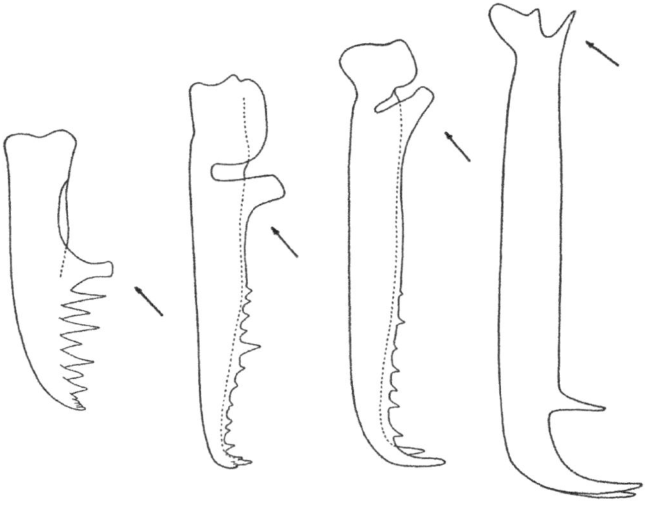

Durante su evolución, las mandíbulas-trampa de las hormigas de la tribu Dacetini se han ido alargando. (Modificada a partir de W. L. Brown y E. O. Wilson, 1959.)

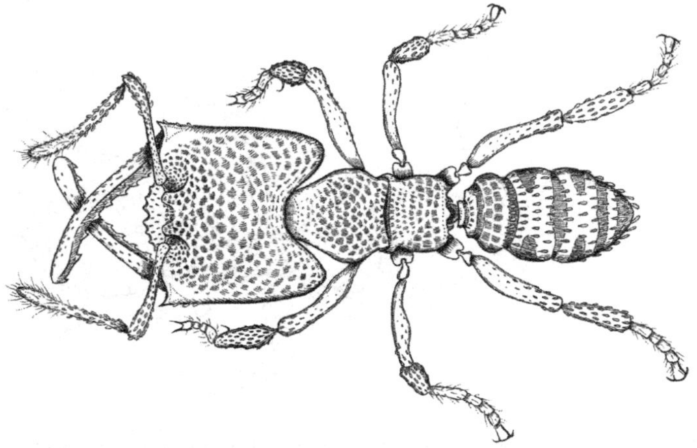

Una obrera de la hormiga de Madagascar *Mystrium camillae*, cuya estrategia de ataque consiste en chasquear las mandíbulas con fuerza y violentamente (como hacemos con los dedos contra el pulgar). (Ilustración de Kristen Orr.)

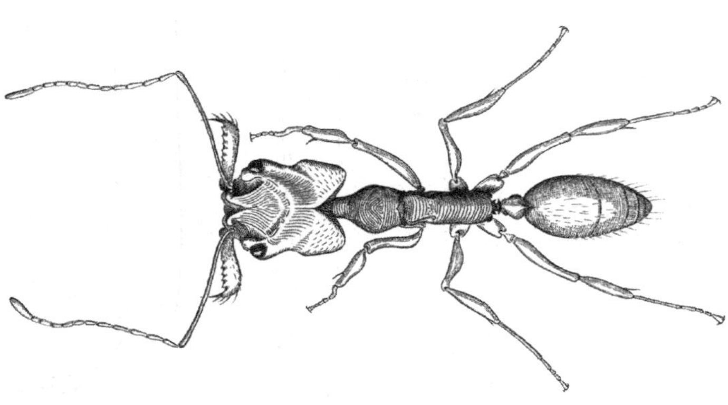

Obrera de *Odontomachus brunneus*, una hormiga depredadora de gran tamaño con mandíbulas-trampa. (Ilustración de Kristen Orr.)

espinas formidables. Cuando se acerca a un colémbolo, la obrera *Strumigenys*, se mueve lenta y cautelosamente. Abre las mandíbulas tanto como puede y, al hacerlo, expone dos largos pelos que salen del labro. Estos pelos se extienden hacia delante de la cabeza de la hormiga y sirven como localizadores táctiles para el golpe que asestará con las mandíbulas. Cuando tocan la presa significa que el cuerpo de esta ya está al alcance. El chasquido repentino e impulsivo de las mandíbulas ensarta literalmente al colémbolo con los dientes apicales, con tanta fuerza que brota hemolinfa, la sangre del insecto, a menudo en gran cantidad. Si el colémbolo es pequeño con relación a *Strumigenys*, la hormiga lo levanta en el aire y luego lo aguijonea. Todos los colémbolos, excepto los de mayor tamaño, son inmovilizados rápidamente por el golpe y la picadura de la hormiga. Su resistencia es débil y dura poco tiempo.

La obrera de *Strumigenys membranifera*, cuyas mandíbulas son más cortas, es más prudente que la obrera de *Strumigenys louisianae* cuando acecha a una presa. Nada más percatarse de la presencia de un colémbolo, se queda «petrificada» y adopta brevemente una postura agazapada y acechante. Si el colémbolo está detrás de ella o a su lado, la obrera se gira lentamente. Una vez posicionada frente a él, la hormiga empieza a moverse hacia delante de una forma tan extraordinariamente lenta que uno solo se da cuenta si la observa persistente y cuidadosamente. Pueden pasar varios minutos antes de que la hormiga se halle a menos de un milímetro de distancia, momento en el cual adopta una postura de ataque, posición en la que puede estar un minuto o incluso más. A diferencia de *Strumi-*

genys louisianae, la hormiga *Strumigenys membranifera* abre las mandíbulas solo unos 60 grados. También posee unos pelos táctiles con los que finalmente toca la presa. El golpe mandibular es tan repentino como el de *Strumigenys louisianae*, pero, dado que por lo general apunta hacia un apéndice, no tiene el mismo efecto demoledor sobre el colémbolo. El insecto suele luchar con violencia para intentar escapar, pero las hormigas son muy tenaces y lo retienen atrapado hasta que son capaces de clavarle el aguijón para inmovilizarlo.

Para resumir, *Strumigenys louisianae* confía en una aproximación rápida a la presa seguida de un patrón fijo que se puede resumir en tres palabras: golpe-elevación-picadura, aunque a veces este último se omite si la presa es pequeña. En cambio, *Strumigenys membranifera* se aproxima de una forma más cautelosa que se resumiría así: golpe-sujeción-picadura, siendo este último elemento inevitable. El patrón de *louisianae* es el que suelen adoptar las dacetinas de mandíbulas largas, mientras que el de *membranifera* es el habitual de los grupos de mandíbulas más cortas.

A mi entender, la importancia ecológica de la diferencia entre los dos grupos de dacetinas es la siguiente: la *membranifera*, que requiere menos espacio para la operación de sus mandíbulas, está en general asociada con el llamado comportamiento críptico a la hora de buscar alimento. El mirmecólogo japonés Keiichi Masuko ha descubierto en *Strumigenys hexamera* una versión extrema de la técnica utilizada por las especies con mandíbulas cortas. Estas pequeñas y extrañas hormigas son las cazadoras emboscadoras más expertas. Las mandíbulas están dirigidas ligeramente hacia arriba desde el plano de la cabeza, y los dientes apicales dorsales son especialmente largos y afilados, lo que permite a la hormiga golpear con mayor eficacia a objetos que se ciernen directamente sobre su cabeza. La forrajeadora *Strumigenys* caza mucho en las pequeñas grietas del suelo. Dada la estrechez de esos pasajes, se suele encontrar a la presa de frente. La hormiga se agacha y se queda parada, retrayendo completamente las antenas hacia los surcos situados a los lados de la cabeza. De momento, mantiene cerradas las mandíbulas. Aunque el objetivo, ya sea un colémbolo o un pequeño ciempiés, esté muy cerca, la hormiga nunca se mueve hacia él. En cambio, sigue parada durante un periodo de veinte o incluso más minutos, esperando a que la presa pase por encima de ella. Entonces, con una elevación y un chasquido repentino de las mandíbulas, ensarta a la víctima con sus largos dientes apicales.

Según los entomólogos, los colémbolos favoritos de las pequeñas dacetinas son los miembros de la familia Entomobryidae. Son diminutos, carecen de alas y poseen un cuerpo blando, una comida ideal para depredadores como las pequeñas dacetinas. Los Entomobryidae se pueden encontrar en casi cualquier entorno natural tanto en el suelo como en el pleuston, que es la palabra que utilizan los ecólogos para esa extraña película superficial de los estanques y lagos de agua dulce que está habitada. Se han encontrado en zonas altas del Everest, donde no vive ninguna hormiga (las pequeñas arañas saltadoras son sus posibles depredadores). También han aparecido en muestras de agua extraídas del lago Vostok en la Antártida, cubierto por una gruesa capa de hielo permanente. Las poblaciones reproductoras de Entomobryidae viven a nuestro alrededor. Se pueden encontrar incluso en los montones de nieve acumulada en Norteamérica durante los días invernales soleados.

La evolución ha posibilitado que los Entomobryidae y otros colémbolos desarrollen contramedidas gracias a las cuales han podido coexistir con depredadores tan ingeniosos como las hormigas dacetinas durante millones de años. La evolución ha posibilitado que algunos de los mayores grupos de colémbolos posean sustancias corporales que son lo suficientemente nocivas y venenosas para mantener a las cazadoras de colémbolos a raya. Entomobryidae y otros pocos linajes de colémbolos han inventado otra estrategia completamente diferente. Son, tal como lo sugiere su nombre común en inglés, *springtails* (colas de resorte). Al igual que las dacetinas que los cazan, poseen su propia «trampa de ratones». Cada uno de ellos posee una «cola», técnicamente una fúrcula, un dispositivo rígido situado firmemente a lo largo de la superficie inferior del cuerpo y que se une a su cuerpo en el extremo posterior. Cuando un colémbolo ve que su vida corre peligro, libera la fúrcula. Se balancea hacia abajo violentamente, alejándose del alcance de cualquier depredador de tamaño similar que se acerque.

No he intentado medir la trayectoria del salto de un Entomobryidae, pero, para hacernos una idea, podemos decir que, si los colémbolos tuvieran el tamaño de un humano, se alejarían unos cien metros y alcanzarían una altura de cincuenta. Si la hormiga dacetina le golpea antes de que salte y clava los dientes en el cuerpo del colémbolo, la fúrcula es lo suficientemente potente para lanzarlos a ambos al aire. Lo he visto varias veces en el laboratorio. La dacetina casi siempre aguantaba el salto, y el único problema para ella era que, para llegar a su hogar, tenía que recorrer un camino más largo.

23

En busca de especies poco comunes

«Que aquel que se jacte de conocer todas las cosas existentes —escribió san Basilio el Grande—, nos hable primero de la naturaleza de la hormiga.»

Para afrontar literalmente el desafío de san Basilio, los mirmecólogos han explorado ambientes inusuales de todo el mundo en los que se han tenido que enfrentar a desafíos únicos y riesgos físicos en su máxima expresión. Las personas que estudian las hormigas tienen historias que contar no solo a sus compañeros especialistas, sino a cualquier interesado en los retos que nos presenta la historia natural.

Una de esas historias, científicamente una de las más importantes hasta la fecha, fue la búsqueda en el sudoeste australiano de *Nothomyrmecia macrops*, la especie de hormiga viva más primitiva conocida en esa época. En 1932, una joven naturalista recolectó los dos primeros especímenes mientras atravesaba a caballo el páramo arenoso situado entre la ciudad de Esperance, en el oeste, y la llanura de Nullarbor (que significa «sin árboles»), al este. Los mirmecólogos estaban fascinados por su semejanza anatómica con las avispas. ¿Podrían poseer las colonias de *Nothomyrmecia* un comportamiento social tan primitivo como su anatomía, que nos proporcionara pistas sobre el origen de las sociedades de hormigas a partir de avispas ancestrales, algo que creemos que debió ocurrir hace más de cien millones de años? Necesitábamos estudiar las colonias vivas para averiguarlo. Durante el verano de 1954, fui junto a otras tres personas al lugar en el que se recolectaron esos especímenes: un mecánico que iba a conducir nuestro vehículo terrestre, un naturalista de Perth y un destacado genetista, Caryl Parker Haskins, de unos cuarenta y tantos años, empleado público y autor del libro superventas *Of Ants and Men*. Caryl era un apasionado mirmecólogo y, tal como pudimos comprobar, todo un experto en las feroces hormigas toro de Australia, las parientes más cercanas conocidas de *Nothomyrmecia*.

Pensé que era una situación ideal: un campamento nocturno en el infinito interior de Australia, con una brisa refrescante, dingos dando vueltas alrededor de la hoguera en busca de restos de comida, y la sensación de estar rodeados de toda una variedad de formas de vida desconocidas; naturaleza salvaje en el mejor sentido de la palabra. Solo faltaba encontrar alguna *Nothomyrmecia*.

Cuando, finalizado nuestro segundo día en el campo, empezó a anochecer, Caryl Haskins y yo dimos un paseo por la oscuridad, linternas en mano, esperando que las obreras de *Nothomyrmecia* fueran nocturnas y salieran del nido. No encontramos ninguna, y pronto nos perdimos. No había caminos en el páramo arenoso, ni tampoco ninguna característica local con la que nos pudiéramos orientar. Cuando quedó bien claro que tendríamos que esperar al amanecer para poder regresar al campamento, Caryl se fijó en una roca del tamaño y forma correctos que podría servirnos de almohada. La llevó hasta una zona despejada, se tumbó, colocó la cabeza y se durmió. Yo me pasé la noche dando vueltas sin alejarme, alumbrando el suelo con la linterna, con la esperanza de que *Nothomyrmecia* fuera nocturna y poder encontrar obreras que buscaran comida alejadas del nido.

No hubo suerte, ni entonces ni más adelante. Durante el cuarto día, recogimos un par de hormigas nuevas para la ciencia, además de algunas especies raras conocidas, y disfrutamos de la grandeza de la fauna y la flora del páramo. En todo ese tiempo solo vimos pasar un automóvil por una carretera lejana. Otro día, un caballo blanco vino trotando hasta nosotros, como si hubiera salido de la nada. Se quedó parado mirándonos fijamente durante varios minutos, y luego se fue tal como vino, desapareciendo en el páramo.

No encontramos ninguna *Nothomyrmecia macrops*, ni siquiera una obrera. Estábamos en el lugar correcto, lo habíamos comprobado un par de veces. ¿En qué nos habíamos equivocado? Más tarde, tras regresar a Estados Unidos, la noticia de unos científicos estadounidense que buscaban la que ahora llamaban «hormiga del alba» se propagó por toda Australia. Eso despertó la curiosidad de los entomólogos locales. La hormiga más famosa de Australia debía ser redescubierta por australianos.

Cuando por fin alguien tuvo éxito, conocimos la razón de nuestro fracaso. Robert W. Taylor, un neozelandés que se había doctorado bajo mi tutela en Harvard y que por entonces trabajaba como investigador para el gobierno en el CSIRO de Canberra, organizó una expedición al lugar original donde se recolectaron los primeros especímenes, con la intención de rastrear todos los hábitats hasta dar con la hormiga del alba.

Salieron de Canberra a principios del invierno australiano, viajando en coche en dirección oeste hasta Adelaida, situada en la costa meridional. Durante la primera noche, acamparon a poca distancia de la ciudad, en un bosque de *mallee*, una especie de eucalipto enano.

El aire era bastante frío, pero no lo suficiente para detener toda la actividad de los insectos locales. Cuando acabaron de cenar y los demás ya se habían acostado, Taylor se aventuró en el *mallee* para recolectar especies de la fauna local de hormigas. Poco después, corrió hacia el campamento gritando, «¡Tengo al maldito bribón! ¡Tengo al maldito bribón!».

Habían redescubierto la especie *Nothomyrmecia macrops*, y la zona del campamento de Adelaida se convirtió, a partir de ese momento, en el centro de los estudios de campo sobre *Nothomyrmecia*. Se recolectaron colonias para su posterior estudio en el laboratorio. La especie, con el tiempo, se convirtió en una de las hormigas vivas mejor conocidas. Las supuestas primeras etapas de la evolución de las hormigas se pudieron deducir con más seguridad.

Ahora que teníamos localizada una población relativamente densa de *Nothomyrmecia* nos podíamos preguntar, ¿Por qué mis compañeros y yo no pudimos encontrar ni un solo espécimen en nuestra campaña? Pronto supimos la respuesta: habíamos estado buscando en la primera localización, al este de Esperance, durante la época cálida estival. Taylor y sus compañeros habían elegido una época comparativamente más fresca, cerca del invierno. Ahora entendíamos que *Nothomyrmecia* tiene éxito, en parte, porque es una especie invernal. Es lo suficientemente hábil para encontrar y capturar insectos y otras presas artrópodas que están más inactivas y, por lo tanto, son menos hábiles.

En el extremo climático opuesto en el que se desenvuelve *Nothomyrmecia,* están las hormigas *Cataglyphis* de Eurasia y África, que prosperan con el clima cálido en arenas abrasadoras y capturan presas que han muerto o se han quedado inmóviles por el calor extremo. Otra especie que también está especializada en un clima concreto, pero en este caso en la región templada de Norteamérica es *Prenolepis imparis*, adaptada a una climatología fría. Sus colonias son muy activas en los días templados de invierno, formando líneas que van desde el nido hasta las zonas de caza, pero en verano se retiran a túneles profundos y fríos, excavados con ese propósito.

Durante el mes que duró su visita a las Galápagos, en 1835, Charles Darwin descubrió que las islas grandes y distantes más antiguas suelen contener una gran cantidad de especies endémicas (las plantas y los animales de una clase que no se encuentra en ninguna otra parte). Hay muchas especies que están esperando ser descubiertas y estudiadas por los biólogos. Eso es lo que ocurrió en 1969, cuando William L. Brown fue el primer experto en hormigas en visitar las remotas islas Mascareñas, incluida la isla Mauricio, hogar del extinto dodo.

¿Habría hormigas equivalentes al dodo en las islas Mascareñas, y especialmente en los entornos naturales que quedaban en Mauricio?

El primer lugar para buscar los últimos restos de la fauna en peligro de extinción de la isla es Le Pouce, un macizo alargado coronado por una meseta cubierta por un bosque nativo de árboles bajos y nudosos. Tras un viaje en parte exitoso a la meseta, Brown decidió realizar un segundo intento, que más tarde describió de la siguiente forma:

> El primero de abril, aunque tenía programado un vuelo por la tarde a Bombay, probé suerte de nuevo en Le Pouce. Llamé por teléfono al señor J. Vinson, quien había recogido algún material, y me convenció de que no me tenía que saltar el camino principal de la meseta de Le Pouce. Llegué allí por la tarde: el día estaba muy nublado, parecía que estaba a punto de llover sobre las cimas, y necesité una hora para llegar a la meseta. Aunque durante el soleado domingo a la sombra de los matorrales no nos habíamos topado con ninguna hormiga en busca de comida, ahora encontraba forrajeadoras sobre el follaje y en la tierra del camino cada pocos metros. Casi todas ellas pertenecían a especies de *Camponotus aurosus* y *Pristomyrmex* spp. (= *Dodous)*, todas ellas nativas de Mauricio. No pasó mucho tiempo hasta que, en el tronco de un pequeño árbol, al lado del camino, encontré un rastro disperso de brillantes hormigas rojas que trepaban por la corteza. Al examinarlas más de cerca vi que eran sobre todo ectatomminas (Ectatomminae) como las que había recolectado el domingo anterior, pero intercaladas con ellas había obreras de *Pristomyrmex bispinosus* que, con los gásteres parcialmente enroscados, se parecían muchísimo a las ectatomminas. Es difícil no pensar que, en este hábitat, existe alguna clase de mimetismo entre las dos especies. Las ectatomminas que as-

> cendían por el tronco portaban en las mandíbulas objetos esféricos blanquecinos que resultaron ser huevos de artrópodos, probablemente huevos de araña. Trepé al árbol, de tan solo unos 5 metros de altura, y pronto encontré un nido a unos 3 metros del suelo. Donde se cruzaban dos ramas, un cojín de líquenes rodeaba el punto donde se tocaban. Al forzar las dos ramas para separarlas, encontré una zona carcomida, resultado con toda seguridad del roce causado por los fuertes vientos. La cavidad se extendía hacia abajo varios centímetros dentro de una de las ramas, y estaba llena de hormigas ectatomminas con descendencia y muchos de los huevos blancos de artrópodos; calculo que cogí o vi al menos doscientas obreras, y puede que hubiera muchas más.

Más adelante, en un incidente sobre el que no escribió, Brown intentó ascender al pico de menor altura situado en el extremo de la meseta. Un rayo cayó a 6 metros ladera arriba, y la fuerte lluvia convirtió el suelo en barro resbaladizo. Brown se cayó y rodó por la pendiente hasta el borde de un alto acantilado. Se agarró a un pequeño matorral durante unos minutos, y finalmente pudo incorporarse y abrirse camino hasta el sendero y llegar a Port Louis.

La hormiga roja brillante resultó ser una *Proceratium* (*P. avium*) no descrita hasta entonces, destacable por su búsqueda de huevos por encima de la superficie, lo contrario a los demás miembros del género, completamente subterráneos. También el alargamiento de sus ojos compuestos por una sola faceta sugiere que *avium* surgió como forrajera de superficie más tarde en la evolución, después de la llegada de su población ancestral a la remota isla Mauricio.

Las hormigas de Mauricio que consiguió Bill Brown arriesgando su vida no eran su objetivo prioritario. Viajó a las Mascareñas para explorarlas. Se preguntaba qué especies podría encontrar allí.

El planeta alberga muchas otras especies, y serán las nuevas generaciones de científicos las que se preguntarán «¿qué especies podremos encontrar?».

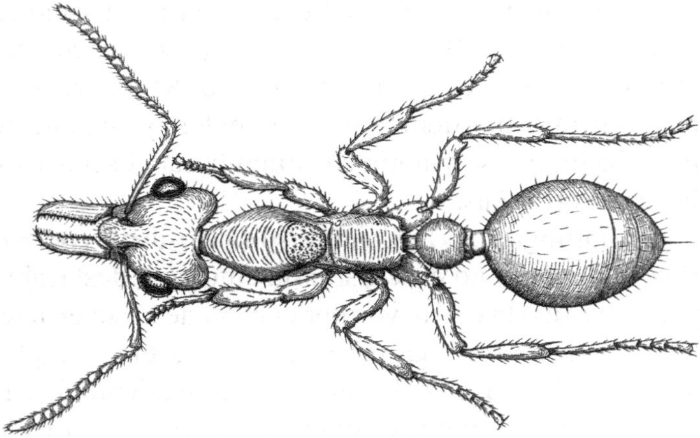

Una obrera de *Nothomyrmecia macrops*, la hormiga de invierno australiana, que creemos que es una de las especies de hormigas más primitivas del mundo. (Ilustración de Kristen Orr.)

24

Una especie amenazada

En 2011, dirigí un equipo de biólogos de campo en una expedición a Vanuatu, antiguamente el condominio de las Nuevas Hébridas, gobernado conjuntamente por Francia y Gran Bretaña. Vanuatu se había convertido en una nueva democracia independiente. Lloyd Davis, Kathleen Horton, Christian Rabeling y yo pudimos recoger especímenes en Espíritu Santo, la isla más grande y septentrional, y en la capital, la isla central de Éfaté. Cincuenta y cinco años antes, había visitado Espíritu Santo como invitado del gobernador francés y su familia. Cuando llevaba tan solo un día recolectando en una pluviselva local, me puse enfermo, por lo que me vi obligado a salir en el primer vuelo disponible.

Ahora formaba parte de un equipo que se podía quedar más tiempo y descubrir más hormigas. Hicimos una recogida exhaustiva en las costas y en las cordilleras centrales de ambas islas. Encontramos muchas especies nuevas, y fuimos capaces de situar la fauna de hormigas local en el contexto general del sudeste asiático.

Luego fuimos a la cercana Nueva Caledonia, con un desafío completamente diferente. Hervé Jourdan, un entomólogo del Instituto de Investigación para el Desarrollo (IRD, por sus siglas en inglés), en la ciudad capitalina de Numea, nos contactó para contarnos que una especie importante, *Myrmecia apicalis*, que algunos expertos creían extinta, había sido redescubierta. Jourdan nos preguntaba si queríamos visitar el lugar, buscar más hormigas de esa especie y unirnos al estudio que realizaba el IRD sobre su estado.

La hormiga toro de Nueva Caledonia era y sigue siendo muy importante por múltiples razones. Primero, las hormigas toro, llamadas así por su gran tamaño, su comportamiento agresivo y su potente aguijón, son uno de los insectos más característicos de Australia. Solo una especie, *Myrmecia apicalis*, ha sido vista fuera de Australia. De alguna forma, sus antepasados (puede que una única reina embarazada) pudieron atravesar el océano y desarrollaron su anatomía distintiva en el medio ambiente de Nueva Caledonia.

A finales del siglo XIX, encontraron en un bosque en Numea el espécimen en el que se basaron para bautizarla con un nombre en latín. El lugar donde se encontró ahora es un barrio comercial. En 1954, busqué en vano algún ejemplar de *Myrmecia apicalis*, fui muchas veces a los bosques que rodean Numea y más al norte. Parecía que era verdad que la especie se había extinguido.

«No es así», me escribió Hervé Jourdan. Un compañero entomólogo del IRD había visto una hormiga toro en la isla de los Pinos, una pequeña isla situada a 100 kilómetros al sudeste de Numea. Nuestro grupo tenía ahora la oportunidad de ser el primero en estudiar las hormigas de la isla de los Pinos y, de paso, poder comprobar cuál era la situación de una especie muy poco común.

Estudiar el estado en el que se halla una especie en peligro de extinción era una gran oportunidad científica por sí misma. Casi todos los estudios previos sobre la escasez y la extinción se han realizado con especies de vertebrados mamíferos, aves, reptiles, anfibios y peces de agua dulce. Muy pocos se han centrado en especies extremadamente raras de las más de un millón de especies conocidas de insectos, arañas, ciempiés, caracoles y otros invertebrados. Creíamos que si encontrábamos y estudiábamos las *Myrmecia apicalis* que quedaban, podríamos ayudar tanto a salvar a la hormiga como a aumentar la escasa información existente sobre la extinción de invertebrados.

Empezamos a buscar hormigas toro en la isla de los Pinos, una antigua colonia penal en la que la mayor parte de sus hábitats nativos seguían intactos. Uno de nuestros primeros objetivos fue un bosque superviviente de araucarias, coníferas altas de una especie que se remonta al Mesozoico temprano. Su altura y belleza son responsables del nombre de la isla. Parecía razonable buscar hormigas antiguas en un bosque antiguo, pero lo que descubrimos fueron enjambres de la pequeña hormiga de fuego *Wasmannia auropunctata*, una conocida especie invasora. La especie es nativa de las tierras tropicales y subtropicales del Nuevo Mundo y, debido a la actividad humana, fue introducida ampliamente en una gran parte del resto de las zonas de los trópicos.

En *The Ants of Florida* (2017), Mark Deyrup describe la «naturaleza insidiosa» de *Wasmannia auro-*

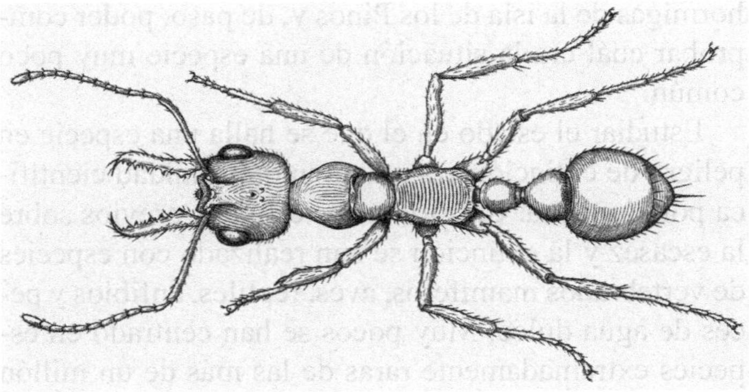

Obrera de *Myrmecia apicalis*. Dibujo de un espécimen de la colección de Harvard. Recogida en la isla de los Pinos, Nueva Caledonia. (Ilustración de Kristen Orr.)

Hervé Jourdan, Christian Rabeling y Edward Wilson a punto de embarcar para viajar desde Numea, Nueva Caledonia, a la cercana isla de los Pinos en busca de la posiblemente extinta especie de hormiga toro *Myrmecia apicalis*, el 24 de noviembre de 2011. (Fotografía de Jean-Michel Boré.)

El grupo que conformaba la expedición, camina durante la marea baja en dirección al lugar en el que habían sido vistos especímenes de *Myrmecia apicalis*, una hormiga muy poco común. De izquierda a derecha: Christian Rabeling, Edward Wilson, Hervé Jourdan, Lloyd Davis y Kathleen Horton. (Fotografía de Jean-Michel Boré.)

El primer espécimen de *Myrmecia apicalis*, atrapado por Hervé Jourdan, es depositado en una red de barrido que sostiene Edward Wilson. En ese momento, la hormiga está picando a Jourdan. (Fotografía de Kathleen Horton.)

Hervé Jourdan y Ed Wilson salen del bosque tras localizar el primer nido de la casi extinta hormiga toro *Myrmecia apicalis*. (Fotografía de Kathleen Horton.)

Una obrera de *Myrmecia apicalis*. (Fotografía de Jean-Michel Boré.)

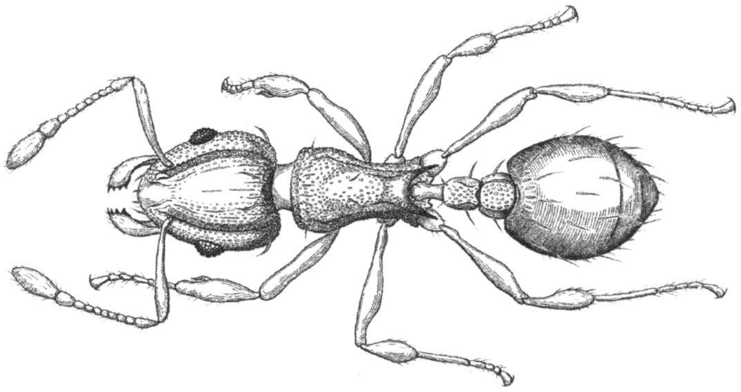

La especie «asesina» *Wasmannia auropunctata*, una especie invasiva de los trópicos de Sudamérica, responsable de la reducción de la fauna de hormigas de muchas zonas del mundo, incluida la de la isla de los Pinos. (Ilustración de Kristen Orr.)

Las supervivientes de la que puede ser la última población de hormigas toro, en peligro de extinción, y una gran parte del resto de los animales invertebrados se ven directamente amenazados por la cercanía de los enjambres de las «pequeñas hormigas de fuego», *Wasmannia auropunctata*, que aquí se pueden apreciar por su color gris claro y sus gásteres brillantes, dispersas por todo el suelo y entre los escombros del bosque. (Fotografía de Kathleen Horton.)

punctata y cómo dominan el medio ambiente de los lugares que invaden. Escribió lo siguiente:

> Un pequeño número de obreras *auropunctata* se infiltran lentamente tanto en las zonas de forrajeo como en los nidos de otras hormigas, y adoptan una postura defensiva cuando se sienten amenazadas. Sin embargo, con el tiempo, si son lo bastante numerosas, pueden agruparse y utilizar sus aguijones además de sus defensas químicas repelentes e irritantes para echar a las demás hormigas de las zonas de alimentación y matar a las habitantes de los nidos en los que se han infiltrado. Las más grandes de la colonia conquistada son reunidas y probablemente servirán de alimento para las larvas de *auropunctata*.

En el bosque de araucarias descubrimos que las pequeñas hormigas de fuego habían desplazado a casi todas las demás hormigas y también a pequeños crustáceos, colémbolos milpiés y otros invertebrados de los que las hormigas de todas las clases se suelen alimentar.

Por suerte, Hervé Jourdan conocía con exactitud el lugar de la isla de los Pinos en el que se había visto a la hormiga toro, y pronto nos reunimos allí. Era completamente diferente del lugar donde se encontraban las araucarias, un pequeño y hermoso bosque con un denso sotobosque y una bóveda baja de unos cinco metros de altura; y por suerte, sin las pequeñas hormigas de fuego. Jourdan caminó pegado al borde del camino, y yo lo hice paralelamente a él, barriendo los arbustos y la vegetación herbácea con una red.

Y, entonces, Jourdan dijo: «Creo que este es el lugar». Se metió dentro de la densa vegetación alejándose del camino y pronto gritó: «He encontrado una». Me apresuré a ir hacia él, sin darme cuenta de que había arbustos espinosos y enredaderas en el sotobosque. Y allí, bajando lentamente por el tronco de un pequeño árbol, había una obrera de *Myrmecia apicalis*. Abrí una botella destinada a contener especímenes, Jourdan cogió la hormiga del árbol con las manos y me la pasó. ¡Y se me cayó! Buscamos y encontramos una segunda obrera bajando por el mismo árbol. Mientras Jourdan la cogía, coloqué debajo la red por si se caía. La hormiga le estaba picando dolorosamente, pero la sostuvo y, cuando la red ya estaba en posición, la dejó caer y conseguimos así nuestro primer espécimen.

Encontramos su nido en la base del árbol. Mientras tanto, Christian Rabeling localizó los nidos de dos colonias más. No tocamos ninguno de los dos, pero trabajando juntos, noche y día con cuadernos y cámara en mano, aprendimos mucho sobre la especie de hormigas más escasa de todas.

A juzgar por el tamaño de los nidos y por el número de obreras forrajeadoras, se trataba de colonias pequeñas que no debían contener más de varios cientos de individuos. Se entra a los nidos por un único agujero a través de un canal vertical que da a unas cámaras subterráneas que preferimos no excavar. La entrada del nido pasa muy inadvertida, lo que se ve reforzado por las pequeñas cantidades de residuos colocados a su alrededor o encima de ella. Las hormigas forrajean en solitario. Suelen salir del nido por la mañana, y trepan por los troncos de árboles pequeños hasta la bóveda para capturar o recoger insectos y otros invertebrados. Regresan a casa con la comida encontrada, por regla general, cuando empieza a anochecer. Cuando son molestadas cerca del nido, no atacan como hacen las pobladas colonias de muchas hormigas toro australianas. Son relativamente asustadizas, cautelosas cuando están fuera del nido, y no parece que tengan ni los números ni el comportamiento para provocar un impacto importante sobre el ecosistema.

Sin embargo, lo contrario sí que es cierto: el ecosistema las está matando. El elemento definitivo y letal serán las pequeñas hormigas de fuego, *Wasmannia auropunctata*, cuyas densas poblaciones están a solo unos pocos kilómetros de distancia. Están expandiéndose hacia el lugar donde se hallan las *Myrmecia*.

El oscuro destino de esta exquisita y pequeña especie depende por completo de la humanidad. *Myrmecia apicalis* y otras especies que todavía no se han descubierto solo se podrán salvar si se detiene y se hace retroceder a las pequeñas hormigas de fuego, y si los bosques en los que vive la hormiga toro de Nueva Caledonia y otras especies que puedan estar en peligro de extinción y que todavía no hemos observado vivas se convierten en reservas cuidadosamente controladas. En la actualidad, la isla de los Pinos es conocida por albergar los restos de edificios que en un tiempo formaron parte de un penal. Se le debería prestar una atención igual o incluso mayor por contener especies en peligro de extinción cuyo valor es incalculable.

25

Cortadoras de hojas, el superorganismo definitivo

En 1955, al inicio de mi carrera como biólogo de campo, pude identificar unas 175 especies de hormigas en un kilómetro cuadrado de la pluviselva de Papúa Nueva Guinea. Creí que había logrado un récord mundial que perduraría muchos años. Pero no fue así. En los años posteriores. Stefan Cover y John Tobin recogieron el doble, 355 especies, en una única localización del Amazonas.

Cuarenta años después de mi aventura en Nueva Guinea, mi amigo Thomas Lovejoy me invitó a visitar la estación de campo que había montado cerca de Manaos. Acepté inmediatamente. Cumplía mi sueño de estudiar hormigas en el Amazonas; especialmente en un entorno cómodo y académico.

El viaje hasta el campamento fue sorprendentemente sencillo. Atrás quedaron los días legendarios de viajes en barcos de vela seguidos de largas caminatas, machete en mano, a través de la selva con portadores nativos y guardias armados (y puede que con el amenazante sonido de tambores río arriba). Pero fue todo lo contrario. Pude viajar en un solo día desde Boston hasta Manaos, la capital del estado de Amazonas. Salí al amanecer, cambié de avión en Miami, paramos brevemente en Santo Domingo para repostar y luego realicé un largo trayecto sin paradas hasta Manaos, donde llegué cerca de medianoche y dormí un poco antes de realizar un viaje en coche de una hora en dirección norte hasta la estación de campo.

Tenía muchas ganas de empezar, así que me levanté muy pronto y caminé hasta un parque cercano, deseando encontrar hormigas y otros insectos que vivieran allí. La primera especie de hormiga que vi era la que más esperaba. Tenían un tamaño medio y eran de color marrón rojizo. Muchas estaban solas, deambulando por la zona. Otras corrían en filas y unas pocas llevaban fragmentos de hojas cortados recientemente. Son una clase hormigas que todo el mundo conoce, las cortadoras de hojas o cultivadoras de hongos, *saúva* en Brasil, *isaú* en Paraguay, *cushi* en Guyana, *zampopo* en Costa Rica, *wee-wee* en Nicaragua y Belize, *cuatalata* en México, *bibijagua* en Cuba y *town ant* o *parasol ant*, en Texas y Luisiana, los lugares más septentrionales en los que se pueden encontrar. Son unos de los insectos más comunes en las latitudes cálidas templadas y tropicales del hemisferio occidental.

Había encontrado saúva en la ciudad de Manaos. Las saludé en voz baja: «Hola, amiguitas».

Según los taxonomistas, las especies cortadoras de hojas, tanto las de Manaos como las del resto del mundo, componen la tribu Attini, un grupo relativamente grande de más de cien especies distribuidas por todo el trópico y en zonas templadas desde Argentina a Luisiana. La mayoría de las atinas que cortan hojas pertenecen a los géneros *Atta* y *Acromyrmex*.

Las cortadoras de hojas *Atta* y *Acromyrmex* destacan, por encima de todos los demás animales, por su habilidad para cultivar hongos sobre lechos compuestos por vegetación fresca masticada. Gracias a esta habilidad, pueden construir enormes ciudades de hormigas. Las cultivadoras de hongos atinas prosperan casi en cualquier lugar porque la vegetación que necesitan es casi interminable.

Las más asombrosas de todas son las jardineras, que, gracias a la evolución, cultivan hongos simbióticos que son capaces de prosperar solo con el cuidado de sus hospedadoras atinas. Gracias a que las hormigas cuentan con un espacio casi ilimitado en el que excavar sus nidos y una gran disponibilidad de vegetación fresca con la que hacer crecer sus cultivos de hongos, son unos de los insectos más dominantes allá donde se hallen.

¿Cómo han logrado utilizar la fresca vegetación silvestre para obtener el rico alimento que les proporcionan los cultivos, y por qué no lo han conseguido otras especies animales en el resto del mundo?

La explicación más plausible es la gran complejidad de la tecnología que utilizan. Las atinas convierten vegetación fresca en un hongo comestible gracias a una intrincada cooperación de castas sofisticadas y especializadas. Las castas, a su vez, se distinguen físicamente por su tamaño y por su alometría (el crecimiento diferencial de las partes del cuerpo), y por las diferencias que ambos aspectos crean en las respuestas instintivas y en la mano de obra que necesitan para completar cada tarea. El origen del sistema de castas por alometría es básico para mantener el orden social en el mundo de las hormigas.

La alometría no solo es fundamental para el comportamiento social de las hormigas. También es muy simple: cuanto más grande sea la hormiga, más diferencia hay entre el tamaño relativo de sus partes corporales. (A la alometría también se la llama, de hecho, «crecimiento relativo».) En el mundo de las hormigas, lo más común es que, cuanto más grande son la parte media (tórax) y la trasera (gáster) del cuerpo, más grande es la cabeza respecto al cuerpo.

Respecto a las colonias de cortadoras de hojas, la casta más pequeña, llamadas obreras menores, poseen partes corporales parecidas en cuanto a su proporción a las de las hormigas en general. ¿Cuál es, entonces, el papel de las supersoldados de cabeza monstruosa? Se quedan en la parte más profunda del nido, y se suelen ver únicamente cuando se excava y abre el nido. Pensaba que era posible que estas hormigas tan grandes fueran una defensa contra depredadores grandes como armadillos, osos y osos hormigueros gigantes. Un día, mientras estaba en una granja en el río Magdalena, en Colombia, rodeado por todas partes de colonias de cortadoras de hojas, me asaltó una pregunta. ¿Podrían estar diseñadas las supersoldados para responder al *olor* de un mamífero? ¿Cómo, si no, podrían distinguir un enemigo mortal de un enemigo ordinario que podría ser repelido por las soldados comunes?

Para probar esta hipótesis, localicé algunas de las aberturas alrededor del límite de los nidos por las que entra aire fresco a su interior, donde viven las supersoldados. Tumbado sobre mi estómago, soplé a través de los agujeros. Y en pocos minutos salieron algunas hormigas de la casta de las grandes cabezas, las primeras que había visto fuera de los nidos.

Las supersoldados poseen cabezas relativamente grandes y mandíbulas pesadas y afiladas que se cierran gracias a los músculos aductores que ocupan la mayor parte de su voluminosa cápsula craneal. Con este armamento, las supersoldados pueden atravesar la armadura quitinosa de casi cualquier insecto, la piel de los mamíferos y el cuero de tus botas de senderismo.

Las obreras menores se pasan la mayor parte del tiempo dentro del nido, sirviendo como cuidadoras de sus hermanas inmaduras. También trabajan como jardineras de los hongos, el principal o único alimento de las hormigas, que crece en lechos de vegetación procesada. El papel de las soldados de cabeza grande y, especialmente, el de las supersoldados de cabezas todavía más grandes es muy diferente. Son las soldados de élite, preparadas para atacar a los enemigos, incluidos los osos hormigueros y los agricultores humanos que osan excavar sus nidos.

Las menores cumplen también con otra función importante en confabulación con sus compañeras de nido. Las hormigas de tamaño intermedio construyen el nido, procesan los fragmentos de vegetación recién cortada y construyen los jardines de hongos de los que depende la colonia. Cuanto están en el campo, recogiendo vegetación para sus jardines de hongos, suelen ser atacadas por pequeñas moscas parásitas, miembros de la familia taxonómica Phoridae. Estas pequeñas y ágiles moscas se precipitan desde el aire y ponen huevos sobre las hormigas. Los huevos eclosionan y de ellos surgen las larvas que excavan a través de la armadura de exoesqueleto de la hormiga, entran en su cuerpo

Un impresionante ejemplo de división del trabajo entre las obreras de una colonia cultivadora de hongos. Las hormigas de tamaño medio portan fragmentos de hojas recién cortados que utilizarán para cultivar los hongos que sirven de comida para toda la colonia. Sobre las hojas van las menores, las hormigas de menor tamaño, cuya misión es proteger a las hormigas más grandes ahuyentando a las moscas parásitas. (Fotografía de Alex Wild Photography.)

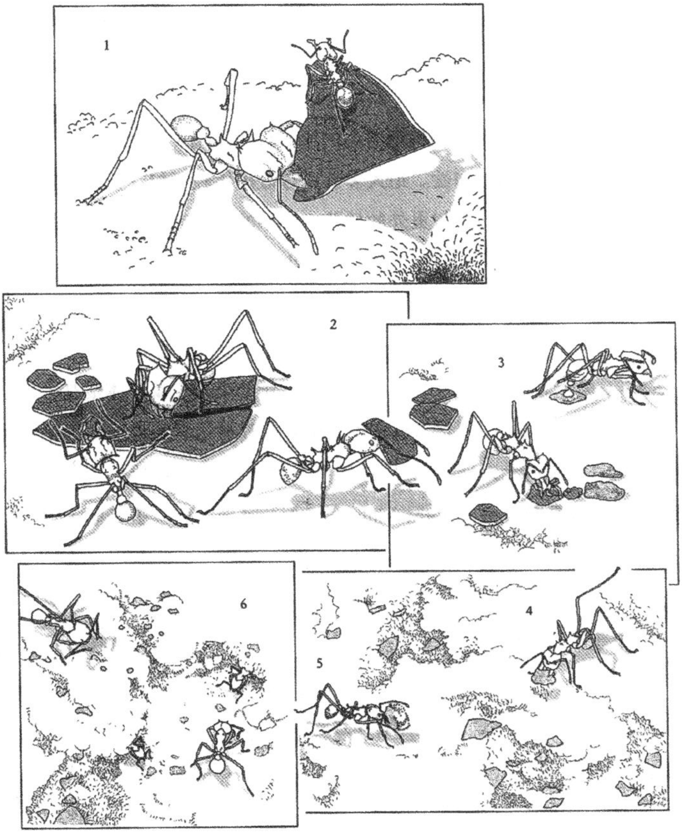

Recolección de fragmentos de plantas y su utilización como sustratos sobre los que hacer crecer hongos que alimentarán a la colonia. (De B. Hölldobler y E. O. Wilson, *The Leafcutter Ants: Civilization by Instinct,* 2011.)

y acaban matándola. Los fóridos emergen como moscas adultas para empezar un nuevo ciclo vital. Las hormigas de tamaño medio son especialmente vulnerables cuando transportan fragmentos de hojas al nido, por lo que las menores actúan como sus guardianas. Las acompañan en sus viajes en busca de alimento situadas sobre los fragmentos de hojas, donde actúan como matamoscas vivientes. Cuando una mosca fórida se acerca demasiado, esas pequeñas hormigas las golpean con sus patas traseras, logrando así expulsarlas.

Las atinas cortadoras de hojas son capaces, al igual que los humanos, de formar poblaciones densas. Sus colonias son inmensas; de hecho, son unas de las más grandes de todo el mundo creadas por insectos sociales. Cuando la reina madre es inseminada por varios machos durante el vuelo nupcial, recibe entre 200 y 300 millones de espermatozoides que almacena en la espermateca. De allí los saca, uno a uno, durante el periodo de entre diez y quince años que durará su vida. En ese tiempo, puede engendrar entre 150 y 200 millones de obreras; la mitad del tamaño de la población humana de Estados Unidos. Cuando la colonia tiene aproximadamente un tamaño medio, empiezan a nacer reinas vírgenes y machos que podrán diseminarse e iniciar nuevas colonias.

Los nidos construidos por las colonias sexualmente maduras son colosales. Puede que sean los más grandes creados por un individuo o grupo de individuos en todo el mundo animal. Un nido típico de *Atta sexdens* que, por ejemplo, lleve activo seis años, contiene 1.920 cámaras, de las cuales 238 están ocupadas por las hormigas y sus jardines de hongos. Todas están interconectadas mediante una compleja red de galerías y cámaras. La tierra suelta que han ido sacando y apilando en la superficie durante la excavación del nido pesa aproximadamente 40.000 kilogramos.

La división del trabajo entre los diversos miembros de una colonia de cortadoras de hojas es tan marcada y tan eficiente que es muy razonable llamar a cada una de las colonias individuales superorganismo. La expresión fue utilizada por primera vez por el gran mirmecólogo William Morton Wheeler en 1910, y desde entonces ha sido utilizada de forma intermitente por los biólogos. Para poder sobrevivir, una colonia, al igual que ocurre con un insecto solitario o una obrera dentro de la colonia, debe estar compuesta por elementos que cooperen estrechamente entre sí, de la misma manera que los órganos lo hacen para que funcione un organismo. La analogía es clara: las soldados y las hormigas menores «matamoscas» son el sistema de defensa, la reina es el órgano reproductivo, otras menores obreras que cuidan los jardines son el sistema digestivo, y, finalmente, las obreras de tamaño medio cumplen funciones variadas que equivaldrían a las del cerebro, las manos, los pies y el sistema sensorial.

Una consecuencia de esta división es que la colonia, además de cada uno de sus miembros, es una unidad de evolución. A medida que una colonia cambia con el paso del tiempo, compite con otras colonias de la misma especie que viven cerca. El resultado es una selección natural al nivel de colonia. El mismo proceso se produce entre los miembros de la colonia. Algunos rasgos sociales, como el altruismo y la valentía en la batalla, son conformados por la «selección de grupo»; en otras palabras, la competición «colonia contra colonia» hace que las obreras hagan lo que sea mejor para el grupo. Mientras tanto, la selección al nivel individual provoca la aparición del comportamiento egoísta, visto cuando las obreras, las reinas y los machos compiten por el espacio, el alimento y el derecho a reproducirse.

La omnipresencia de las cortadoras de hojas, lograda gracias a la prodigiosa fertilidad y larga vida de la reina (trece años para una colonia de laboratorio de Kathleen Horton, en el momento en la que se produjeron los machos y las reinas vírgenes) y al trabajo estajanovista de las hijas obreras, ha creado problemas económicos importantes para sus vecinos humanos. Una única colonia que desplaza toneladas de suelo reduce la producción agrícola. Una colonia puede despojar a un árbol cítrico de su vegetación de la noche a la mañana o arrasar un huerto familiar por completo. Y todo eso lo hacen de manera habitual.

Los primeros colonos portugueses tenían una frase para sus grandes adversarios hexápodos: «O Brasil conquista a las hormigas, o serán estas las que conquisten Brasil». No se estaban refiriendo a la furiosa *Camponotus*, habitante de las copas de los árboles, que salen a miles de sus jardines de epífitas para picar y rociar ácido fórmico a los intrusos. Las personas pueden quitarse de encima a las urticantes *Pseudomyrmex*, que convierten cualquier arbusto en una ortiga. Tampoco se refería a las hormigas de fuego *Solenopsis*, la especie importada cuyas poblaciones son un problema en Estados Unidos y otros países. Los humanos pueden tolerar incluso a las hormigas legionarias, cuyas columnas hacen huir a todos los animales, grandes y pequeños, que se cruzan en su camino.

Los portugueses se referían a otro oponente: la saúva cortadora de hojas, destructora de jardines, cultivos y pastos.

Aunque no pudieron derrotar a las saúva, tampoco se fueron los brasileños. En la actualidad, la situación se halla en un punto muerto. E incluso debería considerarse una bendición ambiental. En las maravillosas pluviselvas, en las sabanas y en otras tierras silvestres, las cortadoras de hojas son una de las principales modeladoras del suelo. En esta función fundamental, y también en su ancestral y continua labor como herbívoros, crean ecosistemas únicos e incrementan la biodiversidad de los hábitats en su conjunto.

Las cortadoras de hojas son superorganismos que han tenido éxito en condiciones naturales. Aunque no son del todo manipulables, también son una fuente de vida y asombro para sus compañeros humanos.

26

Hormigas que coexistieron con los dinosaurios

Durante la década de 1950, sostuve muchas conversaciones con mi mentor, William L. Brown, sobre la identidad del antepasado evolutivo de las hormigas. Los miles de especies vivas que hemos estudiado solo nos aportan unas pocas pistas del lugar y el momento en el que se originó este grupo dominante de insectos. ¿Dónde se originaron las hormigas? ¿Cuándo? E incluso podríamos preguntarnos, ¿por qué?

Teníamos a nuestra disposición muchos fósiles para estudiar. El filón más rico han sido los abundantes especímenes conservados en el ámbar báltico, la resina fosilizada de árboles que vivieron alrededor del actual mar del Norte durante el Eoceno, hace unos cincuenta millones de años. Nuestro predecesor en la Universidad de Harvard, William Morton Wheeler, había reunido y descrito minuciosamente una gran colección. El ámbar del Báltico puso de manifiesto la existencia de una evolución en marcha, pero ninguna prueba clara del origen de las hormigas. Lo mejor que pudimos hacer fue extrapolar en el tiempo las tendencias que descubrimos en la ascendencia de los fósiles del ámbar del Báltico.

Nos hicimos una idea del aspecto que deberían tener los antepasados de las hormigas. Seguramente serían avispas aculeadas (con aguijón) destinadas a dar el paso gigante gracias al cual pasarían de gozar de un modo de vida solitario a uno social. Necesitábamos encontrar fósiles más antiguos, mucho más antiguos que los del ámbar del Báltico. Unos pocos especímenes aislados de depósitos rocosos más antiguos nos hicieron ver que necesitábamos especímenes de ámbar con hormigas del Cretácico, el periodo más tardío del Mesozoico, la «era de los reptiles», incluidos los dinosaurios.

El avance se produjo en 1965, cuando dos coleccionistas aficionados, el señor Edmund Frey de Mountainside, Nueva Jersey, y su esposa, estaban examinando fragmentos de ámbar del Cretácico de un yacimiento de ese mismo estado y se toparon con un pedazo que contenía dos hormigas obreras. Donaron generosamente esos fósiles tan valiosos para la ciencia a la Universidad de Harvard. Una vez allí, tuve el privilegio de estudiar unas hormigas que vivieron hace unos 90 millones de años.

¿Qué información nos aportaron estas mensajeras del pasado? Su anatomía externa (al menos toda la que era visible) coincidía con lo que Bill Brown y yo mismo habíamos predicho, pero solo en parte. Algunas características de la anatomía eran más primitivas de lo que supusimos. En otras palabras, las hormigas del Cretácico encontradas en Nueva Jersey eran un mosaico; poseían rasgos que, seguramente, coincidían con los de las avispas antepasadas de las hormigas y también rasgos únicos de las primeras hormigas. La lista era más o menos esta:

- Mandíbulas parecidas a las de las avispas.
- Parte media del cuerpo parecida a la de las hormigas.
- «Cintura» similar a la de las hormigas en su parte trasera.
- Antenas con forma intermedia entre la de las avispas y la de las hormigas.

Tuve que inventarme un nombre en latín para la especie fósil. Elegí *Sphecomyrma freyi.* El primero, el que designa el género, significa «hormiga avispa», y el segundo, el de la especie, reconoce y honra a los Frey, los descubridores de los primeros ejemplares.

A medida que se exploraban depósitos parecidos en las provincias de Alberta, Canadá, y en Myanmar, se encontraron más ejemplares de *Sphecomyrma*. Durante un tiempo, nos pareció que habíamos localizado el eslabón perdido del origen de las hormigas, o que al menos nos habíamos acercado mucho. Parecía que las hormigas surgieron a partir de una avispa ancestral durante el Mesozoico, a través de una línea relativamente directa de cambios evolutivos, rasgo a rasgo.

Luego, de repente (al menos en tiempo geológico), todo cambió. A medida que la colección de fósiles mesozoicos iba en aumento y los progenitores evolutivos de las hormigas actuales empezaron a estar más definidos, se hizo evidente que las primeras hormigas no habían evolucionado de una forma directa. En cambio, las especies más exitosas pasaron por una radiación adaptativa: una multiplicación de especies a partir de una o de un pequeño número de poblaciones que se especializaron para diferentes nichos en los ecosistemas de la época de los dinosaurios.

A partir de una o de muy pocas de estas especies que surgieron a través de la radiación adaptativa durante el Mesozoico tardío, aparecieron los diversos «grupos principales» de la fauna de hormigas moderna. Tal como han mostrado Phillip Barden, Gennady M. Dlussky, David A. Grimaldi y sus compañeros analistas, cada uno de ellos fue el producto de una radiación adaptativa propia.

Una buena parte de esta proliferación, al menos la más visible en los fósiles, ha quedado reflejada en la estructura de las cabezas de las obreras. En ellas se pueden ver los medios utilizados por varias especies de hormigas para obtener alimento y para defenderse de los enemigos. Podría decirse que el cambio más extremo en la anatomía de la cabeza se produjo durante el origen del género *Haidomyrmex*, estudiado por primera vez por el entomólogo ruso Gennady M. Dlussky, quien también descubrió los primeros ejemplares. En griego, el nombre de este género significa «hormiga de la Tierra de los Muertos», o, como suelen llamarlas los mirmecólogos en privado, «hormigas del infierno». Aunque otras hormigas, entre ellas las especies convencionales que utilizan la mandíbula-trampa, cierran sus mandíbulas horizontalmente, como cuando aplaudimos, *Haidomyrmex* evolucionó para girar el aparato 90 grados, con las dos mandíbulas fusionadas y movidas verticalmente, hacia arriba y hacia abajo, y cerrándose contra el labro, el «labio superior de la cabeza». Sabemos que esta disposición única funciona gracias al descubrimiento de un ejemplar en el ámbar que se quedó atrapado mientras sostenía una larva de escarabajo.

Por diversión, a veces les pregunto a otros naturalistas adónde irían y cuándo si, por arte de magia, pudieran viajar al menos durante unas pocas horas a cualquier lugar de la Tierra y en cualquier momento de la historia del planeta. Mi elección siempre era la siguiente: un bosque mesozoico, hace cien millones de años, repleto de hormigas, incluida *Haidomyrmex*.

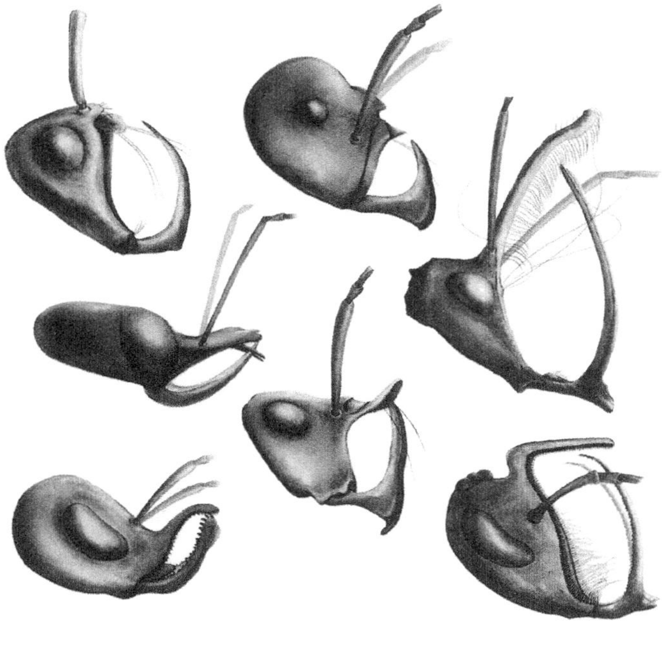

Vista lateral de las cabezas de seis especies de «Hormigas del infierno» (*Haidomyrmex*) del Mesozoico, que convivieron con los dinosaurios. Las mandíbulas se movían de arriba abajo, en lugar de lado a lado como ocurre en las hormigas modernas. (Ilustración de Philip Barden, con permiso.)

Agradecimientos

Estoy muy agradecido a todas las personas cuyas contribuciones posibilitaron la creación de este libro, y especialmente a Kathleen Horton, de la Universidad de Harvard, y Robert Weil, de Liveright Publishing Corporation, por sus consejos y su apoyo. Doy las gracias a mis compañeros mirmecólogos de Harvard, Stefan Cover y David Lubertazzi, que proporcionaron excelentes correcciones e información adicional muy valiosa. Kristen Orr realizó unos dibujos muy precisos de las especies más destacadas.

Referencias

Barden, P., «Fossil ants (Hymenoptera, Formicidae) «Ancient diversity and the rise of modern lineages», en *Myrmecological News,* 24 (2017), pp. 1-30.

—, y Grimaldi, D. A., «Adaptive radiation in socially advanced stem-group ants from the Cretaceous», en *Current Biology,* 26 (2016), pp. 515-521.

Brown, Jr., W. L., y Wilson, E. O., «The evolution of the dacetine ants», en *Quarterly Review of Biology,* 34(4) (1959), pp. 278-294.

De Bekker, C., Will, I., Das, B., y Adams, R. M. M., «The ants (Hymenoptera, Formicidae) and their parasites — Effects of parasitic manipulations and host responses on ant behavioral ecology», en *Myrmecological News,* 28 (2018), pp. 1-24.

Delage-Darchen, B., «Une fourmi de Côte-D'Ivoire — *Melissotarsus titubans* Del., n. sp.», en *Insectes Sociaux,* 19(3) (1972), pp. 213-236.

Deyrup, M., *Ants of Florida — Identification and Natural History,* Boca Ratón, FL, CRC Press, 2017.

Fisher, B. L., y Bolton, B., *Ants of Africa and Madagascar —, A Guide to the Genera,* Oakland, CA, University of California Press, 2016.

Frank, E.T., Wehrhahn, M., y Linsenmair, K. E., «Wound treatment and selective help in a termite-hunting ant», en *Proceedings of the Royal Society* B, 285 (2018) pp. 2017-2457.

Haapaniemi, K., y Pamilo, P., «Social parasitism and transfer of symbiotic bacteria in ants (Hymenoptera, Formicidae)», en *Myrmecological News,* 21 (2015), pp. 49-57.

Hölldobler, B., y Wilson, E. O., *The Ants,* Belknap Press of Harvard University Press, Cambridge, MA, 1990.

—, *The Leafcutter Ants — Civilization by Instinct,* W. W. Norton, Nueva York, 2011.

Laciny, A., *et al*., «*Colobopsis explodens* sp. n., model species for studies on «exploding ants» (Hymenoptera, Formicidae), with biological notes and first illustrations of males of the *Colobopsis cylindrica* group», en *ZooKeys,* 751 (2018), pp. 1-40.

Masuko, K., «Studies on the predatory biology of oriental dacetine ants (Hymenoptera, Formicidae), 1 — Some Japanese species of *Strumigenys*, *Pentastruma*, and *Epitritus*, and a Malaysian *Labidogenys*, with special reference to hunting tactics in short-mandibulate forms», en *Insectes Sociaux,* 31(4) (1984), pp. 429-451.

McKeller, R. C., Glasier, J. R. N., y Engel, M. S., «A new trap-jawed ant (Hymenoptera, Formicidae, Haidomyrmecini) from Canadian Late Cretaceous amber», en *Canadian Entomologist,* 145 (2013), pp. 454-465.

Moreau, C. S., «Inferring ant evolution in the age of molecular data (Hymenoptera, Formicidae)», en *Myrmecological News,* 12 (2009), pp. 201-210.

Naka, T., y Matuyama, M., «*Aphaenogaster gamagumayaa* sp. nov. — The first troglobiotic ant from Japan (Hymenoptera, Formicidae, Myrmicinae)», en *Zootaxa,* 4450(1) (2018), pp. 135-141.

Peeters, C., «Convergent evolution of wingless reproductives across all subfamilies of ants, and sporadic loss of winged Queens (Hymenoptera, Formicidae)», en *Myrmecological News,* 16 (2012), pp. 75-91.

Peeters, C., e Ito, F., «Wingless and dwarf workers underlie the ecological success of ants (Hymenoptera, Formicidae)», en *Myrmecological News,* 21 (2015), pp. 117-130.

—, Foldi, I., Matile-Ferrero, D., y Fisher, B. L., «A mutualism without honeydew: What benefits for *Melissotarsus emeryi* ants and armored scale insects (Diaspididae)?», en *PeerJ,* 5 (2017), e3599; DOI: 10.7717/peerj.e3599.

Schneirla, T. C., *Army Ants: A Study in Social Organization*, editado por H. R. Topoff, W. H. Freeman, San Francisco, 1971.

Wehner, R., y Srinivasan, M. V., «Searching behavior of desert ants, genus *Cataglyphis* (Formicidae, Hymenoptera)», en *Journal of Comparative Physiology* A, 142 (1981), pp. 313-338.

—, Harkness, R. D., y Schmid-Hempel, P., *Foraging Strategies in Individually Searching Ants* Cataglyphis bicolor (Hymenoptera, Formicidae), *Fisher,* Nueva York, 1983.

Wheeler, W. M., *Ants, Their Structure, Development and Behavior,* Columbia University Press, Nueva York, 1910.

Wilson, E. O., «The Trinidad cave ant *Erebomyrma* (= *Spelaeomyrmex*) *urichi* (Wheeler), with a comment on cavernicolous ants in general», en *Psyche* 69(20) (1962) pp. 62-72.

—, *The Insect Societies,* Belknap Press of Harvard University Press, Cambridge, MA,1971.

—, «One giant leap: How insects achieved altruism and colonial life», en *BioScience,* 58 (2008), pp. 17-25.

—, y Bossert, W. H., «Chemical communication among animals», en *Recent Progress in Hormone Research, vol. 19*, editado por G. Pincus, Academic Press, Nueva York, 1963, pp. 673-716.

—, y Hölldobler, B., «Ecology and behavior of the Neotropical cryptobiotic ant *Basiceros manni* (Hymenoptera, Formicidae, Basicerotini)», en *Insectes Sociaux,* 33(1) (1986), pp. 70-84.

Zimmerman, E. C., «Adaptive radiation in Hawaii with special reference to insects», en *Biotropica,* 2(1) (1970), pp. 32-38.

Índice analítico

Índice